공격수 셰프 박민혁의 저속노화 레시피
'Eat Slow, Age Slow'

박민혁 지음

고등학교 1학년. 오토바이를 사고 싶다는 마음 하나로 피자 가게에서 아르바이트를 시작했습니다. 그저 용돈을 벌기 위한 선택이었지만, 그날 이후 저는 요리라는 세계에 조금씩 스며들기 시작했습니다.

처음엔 생소했던 주방이 점점 익숙해졌고, 그 인연은 국내외 특급 호텔과 파인 다이닝 레스토랑, 사운즈한남의 총괄 셰프로 이어졌습니다. 또한 10년 동안 대학에서 학생들을 가르치며 누군가의 시작을 함께하는 일로도 확장되었습니다.

지금은 금호동의 작은 와인바 '와인바킥'에서 음식과 와인을 통해 사람들과 마주하고 있으며, '공격수셰프'라는 이름으로 유튜브를 통해 일상의 식탁을 나누고 있습니다.

요리를 매개로 디자인, 건강, 예술 등 다양한 분야의 사람들과 서로의 이야기를 경계 없이 이어가는 일을 무척 소중하게 여기며 살고 있습니다.

첫 번째 책 『공격수셰프의 킥』은 실용적인 요리 기술을 담았다면, 이번 책은 '조금 더 천천히, 건강하게 나이 들어가는 식탁'에 대한 저의 두 번째 이야기입니다.

Eat Slow

Age Slow

FOREWORD

머리말

'Eat Slow, Age Slow', 노화를 지연하는 식사에 관하여

"노화는 멈출 수 없지만, 그 속도는 조절할 수 있습니다.

지혜롭게 익히고, 균형 있게 먹고, 천천히 나이 들기는 당신의 식사에서 시작됩니다."

안녕하세요, 박민혁입니다. 이렇게 두 번째 레시피북을 소개할 수 있어 기쁩니다. 이번 책의 핵심 키워드는 바로 '저속노화'입니다. 혹시 "박민혁 셰프가 저속노화 요리를?" 하고 의아해할 분도 계실지 모르겠습니다. 그래서 먼저, 제 이야기를 잠시 나누려 합니다.

건강의 작은 빨간불, 삶의 방향을 바꾸다

제 유튜브 채널 '공격수셰프 Striker chef'를 꾸준히 봐 온 분들은 알겠지만, 저는 자극적이고 화려한 요리를 즐겨왔습니다. 그런데 어느 날, 건강검진에서 중성지방수치가 기준치를 넘어 고지혈증 진단을 받았습니다. 약 하나면 해결할 수 있는 문제였지만 그때 제가 먹는 음식이 곧 내 아이와 아내의 식사가 된다는 사실, 그렇기에 나의 식습관이 가족의 건강과도 직결된다는 점을 깨달았습니다. 그 이후, 저는 식재료를 다시 보기 시작했고, 요리의 본질을 다시 묻기 시작했습니다. 논문과 자료, 책을 읽으며 셰프로서 처음으로 근본적인 질문을 마주했고, 24년 경력의 요리사로서도 새로운 출발을 결심하게 되었죠.

『Eat Slow, Age Slow』는 그렇게 시작되었습니다. 이 책은 단지 건강한 요리를 소개하는 책이 아닙니다. 미식과 건강, 일상과 지속가능성 사이에서 '속도를 늦추는 삶'을 제안하는 안내서입니다. 그 출발점은 바로 매일의 식사입니다.

그 이후, 제 식습관뿐 아니라 유튜브와 SNS 속 레시피들도 조금씩 달라졌습니다. 건강에 들어온 '옅은 빨간불'이, 결국 나 자신을 바꾸었고, 그 변화가 가족을 위한 결정이자 나누고 싶은 경험이 되었습니다. 그리고 1년이 지난 지금, 저의 건강검진 결과는 모든 수치가 정상으로 돌아왔습니다.

이제는 확신합니다. 음식을 바꾸면 삶이 달라집니다. 매일의 식사를 조금 더 현명하게 선택하는 것으로 충분합니다. 그 첫걸음을 이 책과 함께 시작해 보길 바랍니다.

저속노화 음식이란 무엇인가?

'저속노화'는 말 그대로 노화의 속도를 늦추는 식생활을 뜻합니다. 흔히 다이어트 식단이나 항노화 식단과 혼동되기도 하지만 제가 생각하는 저속노화의 핵심은 조금 다릅니다. 단순히 오래 사는 것이 아니라 '건강하게 오래 살기 위한 식사'에 방점이 찍혀야 한다고 믿습니다.

많은 사람들이 이런 삶을 원하지만 정작 실천은 어렵죠. 저도 그랬습니다. 머리로는 알고 있었지만 식습관을 바꾸는 일은 결코 쉽지 않았습니다. 모든 걸 한꺼번에 바꾸려 하면 당연히 부담스럽고, 금세 지치기 마련이니까요. 그래서 저는 작은 변화부터 시작하자고 마음먹었습니다. 마치 계단을 오르듯 식재료 하나씩만 바꿔보았습니다. 그렇게 음식 하나 식사 한 끼가 달라지다 보면 어느새 몸도 달라지고 삶의 리듬도 바뀌게 됩니다. 이 책이 전하고자 하는 저속노화의 방식도 바로 이렇습니다.

예를 들면, 저는 그릴 자국 선명한 한우 스테이크나 풍미 깊은 와규를 무척 좋아합니다. 이런 음식들이 늘 건강에 좋은 선택인 것은 아닙니다. 그렇다고 좋아하는 음식을 완전히 끊자는 건 아닙니다. 두 번 중에 한 번만 바꿔봐도 충분히 나쁘지 않은 시작이 됩니다. 저는 그런 방식으로 육류 대신 생선이나 닭가슴살 등 지방이 적고 단백질이 풍부한 재료들을 식단에 더 많이 활용하게 됐습니다.

고기에서 나오는 기름 맛을 아까워하던 예전과 달리 요즘은 그런 기름을 과감히 덜어내고 올리브오일이나 견과류 등 건강한 지방으로 대체합니다. 버터 사용도 줄이고, 채소의 비중을 늘려 식사의 구조를 자연스럽게 바꿔가고 있죠. 물론 저도 늘 흰쌀밥만 먹던 사람이었기에 처음부터 통곡물

밥으로 완전히 바꾸는 건 어렵더군요. 그래서 처음엔 아주 간단하게 흰쌀밥에 조금씩 곡물밥을 섞는 것부터 시작했습니다. 그렇게 익숙한 음식에 낯선 재료를 살짝 더하는 시도들이 어느새 저속노화의 흐름 안으로 저를 이끌었습니다.

저는 여러분들이 '저속노화'라는 단어에 겁먹지 않으셨으면 좋겠습니다. 우리가 함께 시작할 변화는 거창하지 않고, 일상적이며, 충분히 실천 가능한 것들입니다. 중요한 건 완벽한 변화가 아니라 작지만 지속적인 시도입니다. 오늘보다 내일이, 이번 주보다 다음 주가 조금 더 건강해진다면 그것만으로도 충분합니다. 저속노화는 빠르게 눈에 띄게 바뀌는 것이 아니라, 서서히 은근히 우리 삶에 스며드는 방식입니다.

건강한 음식은 맛이 없다는 편견에 관하여

저속노화 레시피라고 하면 많은 분들이 '건강엔 좋겠지만 맛은 없겠지'라고 생각하곤 합니다. 저는 이런 생각이야말로 우리가 식사의 즐거움을 놓치게 되는 가장 큰 이유라고 생각합니다. 이 책의 가장 큰 목표는 건강하면서도 지속가능한 식단을 소개하는 것이지만, 그 못지않게 바라는 바도 하나 있습니다. 여러분의 미식 세계가 조금 더 넓어졌으면 좋겠습니다. 세상에는 셀 수 없이 다양한 식재료와 조리법이 존재합니다. 예를 들어, 시금치를 조리하는 방식만 해도 셰프마다 다릅니다. 볶을 수도 있고, 데칠 수도 있고 오븐에 구울 수도 있죠. 또 조리 시간과 양념의 유무에 따라 전혀 다른 식감과 풍미를 낼 수 있습니다. 그런데 '시금치는 맛이 없어'라고 단정해

버리면 그 안에 담긴 무수한 가능성과 조리의 묘미를 느낄 수 있는 기회를 영원히 잃게 됩니다.

사실 '익숙하고 자극적인 맛'을 내는 건 오히려 쉽습니다. 입에 착 붙는 감칠맛을 내는 인공 조미료나 향미 강화제는 언제든 쉽게 구할 수 있고, 아주 소량만 넣어도 혀는 '맛있다'고 착각합니다. 하지만 그런 맛에만 기대는 식사는 마치 공장에서 찍어낸 가공품처럼 어디서나 비슷하고, 결국은 삶의 풍미를 단조롭게 만듭니다. 진짜 맛있는 음식을 즐기기 위해선 입맛 자체를 조금씩 바꿔가는 과정이 필요합니다.

미식을 좋아하는 사람들은 종종 한 끼 식사에 큰돈을 씁니다. 그 이유는 단순히 '배를 채우기 위해서'가 아니라, 새로운 맛을 경험하기 위해서입니다. 젤리보다 부드러운 전복의 식감, 생전 처음 맛보는 향신료의 조합, 새로운 조리법으로 탄생한 채소 하나 등 이 모든 경험은 익숙한 조미료의 맛과는 완전히 다른 차원입니다.

그래서 미식은 여행과 같습니다. 한 번도 가보지 못한 도시를 걷듯, 낯선 식재료를 만지고, 새로운 맛을 느끼는 순간은 단순히 '먹는다'는 행위를 넘어선 깊은 감각적 경험이 됩니다. 저는 이 책에서 저속노화라는 큰 틀 안에서 다양한 식재료와 조리법을 소개하고자 합니다.

물론 그렇다고 모두 생소한 것들만 다루지는 않습니다. 익숙한 재료에 새로운 재료를 살짝 더하거나, 익숙한 조리법에 작은 변주를 주는 방식이 대부분입니다. 그렇게 하나의 레시피 안에서도 '오, 이 조합은 새롭네?' 하는 순간들을 만들어 보고자 했습니다.

또 한 가지.

요리는 마음먹기에 따라 한없이 복잡해질 수도 있지만 저는 의도적으로 단순함을 유지하려 했습니다. 생소한 재료에 복잡한 조리법까지 겹치면 도전을 포기할 수도 있기 때문입니다. 핵심 재료는 최대한 간소화하되 맛을 살릴 수 있는 요소를 하나 정도 추가해 '이 정도면 홈파티에도 낼 수 있겠는데?' 싶은 퀄리티를 완성할 수 있도록 구성했습니다. 이 책에서 소개하는 레시피들은 건강을 기반으로 하면서도 다이어트에 도움이 되는 메뉴이기도 합니다. 하지만 그걸로 끝내고 싶지는 않았습니다. 단순히 '좋은 성분'이 아닌 맛과 감각, 즐거움까지 아우르는 요리를 담고 싶었습니다. 그래서 이 책은 미식의 관점으로 접근해도 충분히 근사한 레시피 모음집이기도 합니다. 저속노화는 타협이 아닙니다. 그 자체로도 충분히 맛있고, 근사할 수 있다는 것을 이 책을 통해 보여드리고 싶습니다.

낯설 뿐, 어렵지 않습니다

우리가 새로운 맛에 마음을 열기 어려운 이유는 그 낯섦 때문이지 복잡해서는 아닙니다. 그래서 저는 늘 '낯설지만 간단한 조리법'을 고민합니다.

예를 들어볼까요?
제가 운영하는 유튜브 채널에서 참외와 프로슈토를 활용한 아주 간단한 요리를 소개한 적이 있습니다.

• 재료: 참외 1개, 그릭요거트 100g, 프로슈토 2장, 엑스트라 버진 올리브오일 3T, 라임 1개, 처빌(허브) 약간

◆ 조리법

1. 참외는 껍질을 벗기고 속을 파냅니다.
2. 속은 체에 밭쳐 주스를 따로 보관합니다.
3. 프로슈토는 곱게 다져 그릭요거트와 섞어 참외 속을 채웁니다.
4. 참외를 한입 크기로 썰어 담고, 라임 제스트를 뿌립니다.
5. 참외 주스와 올리브오일을 섞어 드레싱처럼 뿌리고, 마지막에 처빌을 올려 마무리합니다.

이 요리에서 제가 가장 좋아하는 건 바로 '의외성'입니다. 많은 분들이 프로슈토와 멜론의 조합은 익숙하게 즐기지만, 참외와의 조합은 낯설게 느끼죠. 하지만 엄밀히 말하면 참외도 우리 땅에서 자라는 멜론의 일종입니다. 그렇게 보면 전혀 어색할 게 없죠. 여기에 또 하나의 의외성은 구성 방식에 있습니다. 보통은 프로슈토를 위에 얹지만 저는 다져서 요거트에 섞어 참외 속을 채웠습니다. 익숙한 재료의 역할을 뒤바꿔 조화는 유지하면서도 신선함을 더한 것입니다. 이처럼 작은 전환이 요리를 새롭게 만듭니다. 그리고 이 레시피에서 꼭 강조하고 싶은 요소는 바로 처빌이라는 허브입니다. 단맛과 짠맛의 조합만으로도 분명히 맛은 있지만, 허브가 들어가는 순간 음식은 입체적인 풍미를 갖게 됩니다. 아로마가 풍성하게 더해지고, 플레이팅의 완성도도 한층 높아지죠.

요약하자면, 이 레시피는 기본적인 맛의 공식은 유지하되 작은 변주로 미식의 즐거움을 확장하는 예시입니다. 처음엔 낯설게 느껴질 수 있지만 한 번 따라 해보면 생각보다 간단하고, 의외로 근사한 맛이 만들어진다는 걸 느끼실 수 있을 겁니다. 이렇듯 미식은 거창한 재료나 복잡한 기술이 아닌 작은 변화에 대한 열린 마음에서 시작됩니다.

이 책이 전하는 바도 크게 다르지 않습니다. 낯설 뿐, 어렵지 않습니다.

이 책은 저속노화와 건강, 미식이라는 커다란 틀 안에서 상쾌한 아침을 여는 한 그릇부터 특별한 날을 위한 일품요리, 식단 관리에 도움을 주는 메뉴, 편견을 깨는 비건 레시피, 아이들과 함께 즐길 수 있는 건강한 요리까지 폭넓게 담았습니다. 중간중간에는 저의 건강 변화와 식재료를 바라보는 철학, 요리에 대한 생각을 에세이 형식으로 함께 실었습니다. 단순한 레시피북을 넘어 식생활의 방향성과 삶의 리듬에 대한 이야기를 담아보고 싶었습니다.

저는 완벽한 변화를 요구하지 않습니다. 조금씩, 천천히, 일상의 한 끼부터 시작하면 됩니다. 이를테면 아침 한 끼를 이 책 속 레시피로 바꾸는 것부터요. 그러다 특별한 날 와인 한 잔 곁들일 저녁이 필요할 때는 배달 앱 대신 저속노화 일품요리를 꺼내 보세요. 그렇게 할 수 있는 만큼만 시도해 보는 것. 그 자체로 충분합니다. 그러다 보면 어느 순간 몸이 가벼워지고 식탁의 방향이 달라졌음을 느낄 수 있을 겁니다. 이 작은 변화들이 쌓이면 결국 삶 전체를 바꿀 수 있다고 저는 믿습니다.

이 책이 그 여정에 조금이나마 도움이 되기를 진심으로 바랍니다. 그렇게 된다면, 20년 넘게 요리를 해온 사람으로서 더없이 큰 기쁨일 것입니다.

감사합니다.
2026년, 공격수 셰프 박민혁 드림

CHAPTER 1
아침의 균형

CHAPTER 2
점심 & 일품요리

CHAPTER 3
저녁의 철학

CHAPTER 4
식물의 힘

CHAPTER 5
함께 먹는 식탁

부록 디저트와 마무리

이 책의 용량
1T 용량으로 하면? 15g
1t 용량으로 하면? 5g

Food Material

이 책에 실린,
조금은 낯선 재료들

12년 숙성 발사믹 식초 12Aged Balsamic Vinegar

화이트 발사믹 White Balsamic

포도 원액을 오크통에서 12년
이상 숙성시킨 발사믹 식초는
단순한 산미 이상의 깊이를 품
고 있습니다. 짙은 단맛과 우디
한 향, 그리고 은은한 신맛이
요리의 밸런스를 완성해 주죠.
화이트 발사믹은 색이 연해 샐
러드나 해산물 요리에 사용하
기 좋습니다.
설탕이나 시럽을 넣지 않아도
'자연의 단맛'을 충분히 느낄
수 있습니다.

비건 마요네즈 Vegan Mayonnaise

계란 대신 식물성 오일과 식초
로 만든 마요네즈입니다.
콜레스테롤이 없고, 입안에 부
드럽게 감도는 크리미한 질감
은 그대로 살아있어요.
'동물성 대신 식물성'이라는 선
택은 부담 없이 매일 즐길 수
있는 건강함의 시작입니다.

팜슈가 Palm Sugar

코코넛 꽃에서 떨어지는 수액
을 졸여 만든 천연 당입니다.
정제당처럼 빠르게 혈당을 올
리지 않고, 미네랄과 항산화 성
분을 함께 품고 있죠.
은은하지만 훨씬 더 깊고 풍부
한 단맛을 냅니다.
단순한 '달콤함'이 아니라 몸이
편안하게 받아들이는 '자연의
맛'입니다.

코코넛 슈가 Coconut Sugar

코코넛 나무의 꽃봉오리에서 얻은 수액을 천천히 졸여 만든 자연 당입니다. 정제 과정을 거치지 않아 미네랄(칼륨, 아연, 철분)과 항산화 물질이 풍부합니다.

혈당지수GI가 낮아 급격한 혈당 상승을 막고, 소화가 천천히 이뤄집니다. 은은한 캐러멜 향이 나는 따뜻한 단맛으로, 디저트나 드레싱에 자연스러운 밸런스를 더해줍니다. 상황이나 여건에 따라 팜슈가와 코코넛 슈가를 다양하게 사용하면서 자신의 취향을 찾아가 보면 좋겠습니다.

플뢰르 드 셀 Fleur de Sel

프랑스 브르타뉴 해안에서 해수 표면에 뜬 고운 소금 결정만을 손으로 채취한 귀한 소금입니다. 입자가 고와 입안에서 녹듯 퍼지고, 짠맛이 자극적이지 않아요.

적은 양으로도 풍미를 살릴 수 있어, '나트 룸은 줄이되 맛은 그대로'라는 저속노화 의 철학에 꼭 맞는 재료입니다.

타마리 간장 Tamari Soy Sauce

타마리 간장은 일반 간장보다 콩 함량 이 높고, 물과 밀가루 비율이 적거나 거 의 없는 방식으로 만들어지는 일본 전 통 발효 간장입니다. 이러한 제조 방식 덕분에 더 깊고 부드러운 감칠맛이 특 징이며, 적은 양으로도 충분한 풍미를 전달할 수 있습니다.

파로 통곡물밥 + 즉석밥 제품 Farro Grain Rice

고대 밀 품종인 파로Farro 는 유럽에서 수천 년 동안 사랑받아 온 통곡물로 식이섬유와 단백질, 미네랄이 풍부해 혈당을 천천히 올리고 오랜 포만감 을 줍니다.

씹을수록 고소하게 퍼지는 곡물의 질감은 몸의 리듬을 안정시키는 하나의 '식사 명상'처럼 느껴집니다. 바쁜 하루 속에서도 '느린 리듬'을 유지할 수

있는 지혜로운 곡물이죠. 요
즘은 다양한 잡곡밥을 섭취
하지만 매번 곡물을 따로 구
입하고 비율을 맞춰 섞는 일
은 결코 쉽지 않습니다. 그래
서 저는 균형과 실용성을 모
두 갖춘 혼합 잡곡을 선택합
니다. 매일의 식사가 건강의
방향을 결정하고 하루 한 끼

를 대하는 태도야말로 저속노화의 시작이라 믿기 때문입니다. 게다가 요
즘에는 즉석밥 형태로도 즐길 수 있어 쉽고 간편하게 접근할 수 있습니다.

채소 코인 육수 Vegetable Stock Coins

조미료 대신, 채소의 풍미를 그대로 농축
한 코인 형태의 무첨가 육수입니다.
뜨거운 물에 한 알만 녹여도 풍성한 맛
이 완성되죠. 소금을 덜 넣어도 깊은 맛
을 내기 때문에 '적게 먹어도 만족스러
운 식사'를 돕는 현명한 재료입니다.

마이크로그린 Microgreens

비트, 무, 브로콜리 등 어린 새싹채소를 일컫습니다.
성체보다 최대 40배 이상 영양이 높으며, 항산화
효과가 탁월합니다.
플레이트 위에 올리면 색감이 살아나고, 식사의 영
양 밀도까지 높아집니다.
작은 새싹 하나에도, 강한 생명력과 에너지가 깃들
어 있습니다.

백간장(흰 간장) White Soy Sauce

색이 거의 없는 맑은 간장으로 요리의 색을
해치지 않으면서도 감칠맛을 더할 수 있죠.
맑은 스프, 해산물, 드레싱 등 '색과 맛의 균
형'을 중시하는 저속노화 레시피에서 자주
사용됩니다.

CHAPTER 1

아침의 균형

Balance

in

저속노화는 아침 식사부터 시작됩니다.
혈당을 천천히 올리고, 장의 리듬을 깨우며,

지속적인 에너지를 제공하는
식이섬유 · 건강한 지방 · 단백질의 균형을 담은 아침 레시피.

몸과 마음의 리듬을 정돈하는 한 끼.
식사 후 나른함이 아닌 집중력으로 시작되는 하루.

the
Morning

Chef's Essay 1

**아침,
하루를 결정하는 힘**

저처럼 요리를 직업으로 삼은 사람들은 일반적인 직장인들과는 다른 리듬 속에서 살아갑니다. 다른 사람들이 점심을 먹을 때 우리는 그 점심을 만들고, 저녁은 하루 중 가장 분주한 시간이죠. 그러다 보면 자연스럽게 식사는 점점 뒤로 밀리고, 밤늦게야 첫 끼를 먹는 일도 많습니다. 어찌 보면 건강이 무너진 건 예정된 일이었는지도 모릅니다. 건강을 챙겨야겠다고 결심한 이후, 제가 가장 먼저 바꾼 건 바로 이 식사 리듬이었습니다. 그 출발점은 의외로 단순했습니다.

'아침부터 제대로 먹자'는 다짐.

예전엔 셰프니까 아침도 근사하게 차려야 한다는 강박이 있었습니다. 반숙란도 직접 해야 할 것 같고, 잼도 직접 만들어야 할 것 같고요. 하지만 그 집착이 오히려 아침과 더 멀어지게 만들었다는 걸 뒤늦게야 깨달았습니다. 아침은 누구에게나 바쁘고 정신없는 시간입니다. 하지만 생각을 조금만 바꾸면 요리를 꼭 거창하게 할 필요는 없습니다. 전날 밤 주문한 식재료가 새벽에 도착하는 세상에서, 우리는 준비된 재료들에 간단한 터치만 더하면 충분히 훌륭한 한 끼가 완성됩니다.

예를 들어 저는 채소와 반숙란, 섬유질이 풍부한 사과, 땅콩버터, 당이 낮은 베리류, 반조리 닭가슴살, 두유 정도로 아침을 구성합니다. 포만감도 충분하고, 무엇보다 가볍고 부담이 없습니다.

그리고 이 변화는 분명한 결과를 가져왔습니다. 아침을 챙겨 먹으니 점심까지 에너지가 유지되면서 야식을 줄일 수 있었습니다. 장기가 제때 쉬게 되면서 수면의 질이 눈에 띄게 좋아졌습니다. 하루 전체의 리듬이 달라진 겁니다.

물론 아침을 준비한다는 건 여전히 번거로운 일입니다. 특히 가족을 돌보는 분들에게는 더 그렇겠지요. 하지만 건강한 삶을 설계하는 일은 '오늘 아침'이라는 아주 작은 실천에서 출발합니다.

이번 챕터에서는 새벽 배송과 같은 간편한 시스템을 활용해 누구나 손쉽게 만들 수 있는 '충분히 괜찮은 아침' 레시피를 소개합니다. 손이 많이 가지 않지만 건강에 이롭고, 무엇보다 맛있는 식사들입니다. 이것은 단순한 요리법이 아니라 당신의 하루 전체의 긍정적인 흐름을 만드는 첫 번째 선택입니다.

OATMEAL WITH PALM SUGAR & BERRY COMPOTE

베리의 향을 머금은 저속노화 오트밀

RITUAL OF THE DAY

오트밀과 팜슈가는 모두 저혈당 지수GI 식품으로, 아침에 먹어도 혈당 스파이크를 줄이고 에너지를 오래 유지시켜줍니다.

베리류는 안토시아닌과 폴리페놀이 풍부해 항산화 작용에 탁월하며, 조리 과정에서 잔당량을 최소화하여 더욱 건강한 디저트형 식사가 됩니다. 귀리는 장내 환경 개선, 베리는 피부 노화 방지에 도움을 주죠. 맛있는 한 그릇이 당신을 천천히, 건강하게 나이 들게 합니다.

INGREDIENT

(1–2인 기준)

베리 콤포트

블루베리 50g, 라즈베리 30g, 레몬즙 1t, 팜슈가 1T

· 블루베리나 라즈베리는 생으로 사용해도 좋지만, 저는 쿠팡 같은 곳에서 판매하는
  베리 냉동 믹스를 추천합니다. 일 년 내내 구매할 수 있고, 가격도 저렴한 편입니다.

오트밀 베이스

귀리(오트밀) 40g, 아몬드 밀크 또는 귀리 우유 150ml, 소금 한 꼬집, 팜슈가 1T

토핑

그래놀라, 민트 잎, 시나몬 파우더 또는 바닐라 파우더(선택)

· 그래놀라는 무가당·저당을 추천합니다.

RECIPE

1. 베리 콤포트

레몬 스퀴즈를 이용해 즙을 냅니다.

레몬즙을 비롯한 베리 콤포트 재료를 팬에 넣고 약불에서 3분간 살짝 끓입니다.

베리들이 으깨지지 않도록 조심스럽게 저어주세요.

베리의 모양이 흐트러지기 전에 과육은 건져내고, 팬에 남은 과즙만 약불에서 반 정도 양으로 줄어들 때까지 더 졸입니다. 불을 끈 뒤, 졸인 과즙에 건져둔 베리를 다시 섞고 실온에서 식힙니다.

※ 하루 전에 만들어 두면 아침 준비가 훨씬 쉬워집니다.
※ 식힌 뒤 냉장 보관하면 3~4일간 보존할 수 있습니다.
※ 오트밀 외에 요거트, 팬케이크 등에 다양하게 활용해도 좋습니다.

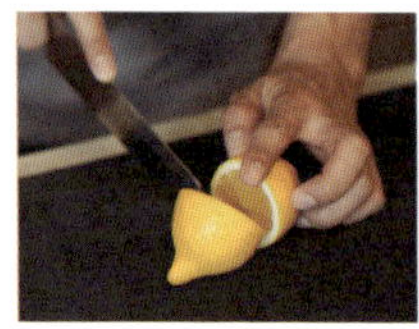   

2. 오트밀 끓이기

다른 냄비에 오트밀, 식물성 우유, 소금, 팜슈가를
넣고 중약불에서 3~5분간 부드럽게 끓입니다.
오트밀이 죽처럼 되면 불을 끕니다.

3. 완성하기

그릇에 끓인 오트밀을 담은 뒤,
베리 콤포트를 넉넉히 얹습니다.
그 위에 그래놀라, 민트 잎으로
상큼하게 마무리합니다.

※시나몬 파우더나 바닐라 파우더로 향을 더해보세요. 특유의
향 때문에 호불호가 있을 수 있지만, 훨씬 더 입체적인 맛을 즐
길 수 있습니다.

RITUAL OF THE DAY

채소는 가볍지만, 그 안의 리듬은 깊습니다. 아침 햇살처럼 맑은 한 접시.
자연의 감각과 산뜻한 산미가 하루를 부드럽게 깨웁니다.
이건 단순한 한 끼가 아니라, 나를 돌보는 시작이 될 수 있어요.

라즈베리 드레싱과 병아리콩 샐러드

ROASTED GARDEN
WITH CREAMY RASPBERRY DRESSING

INGREDIENT

(1–2인 기준)

샐러드 볼

브로콜리, 당근, 컬리플라워 등의 제철 채소 300g – 한 입 크기로 썰기

삶은 병아리콩 200g, 엑스트라 버진 올리브오일 1T

채소 시즈닝

커민 ½t, 훈제 파프리카 가루 ½t, 마늘가루 ½t, 소금 약간, 엑스트라 버
진 올리브오일 1T

라즈베리 드레싱

라즈베리 100g, 비건 마요네즈 100g, 레몬즙 1T, 화이트 발사믹 식초
1T, 팜슈가 ½T, 소금 약간

토핑

구운 해바라기씨 1T, 처빌 10g

1. 채소 굽기

오븐을 180℃로 예열합니다.

손질한 채소와 병아리콩, 채소 시즈닝 재료를 모두 넣고 고루 버무린 뒤

예열한 오븐에 15분~20분간 구워 주세요.

· 오븐에 굽는 시간은 좋아하는 채소의 식감이나 익힘 정도에 따라 맞추세요.

2. 라즈베리 마요네즈

라즈베리 드레싱 재료를 블렌더에 넣고 부드럽게 갈아
크리미한 드레싱을 완성합니다.

3. 완성하기

볼에 구운 채소와 병아리콩을 담고, 해바라기씨를 솔솔 뿌린 뒤 라즈베리 드레싱을 넉넉히 끼얹었습니다. 신선한 처빌로 향긋하게 마무리하세요.

RITUAL OF THE DAY

아삭한 오이, 부드러운 요거트, 산뜻한 베리, 고소한 견과, 향긋한 허브와 꽃. 이 작은 조합은 단순한 스낵이 아니라, 계절의 감각과 자연의 리듬을 느끼는 한입입니다. 아침 식전 리추얼로, 혹은 와인과 어울리는 전채로도 손색없는 한 접시. 오늘 하루를 건강하고 섬세하게 여는 작지만 깊은 시작입니다.

정원을 담은 오이볼

A BITE OF GARDEN ON CUCUMBER

INGREDIENT

(1-2인 기준)

오이볼

미니 오이 100g(길이 10~15cm 기준으로 2개), 그릭요거트 50g, 냉동 라즈베리 30g(약 12알, 반으로 자름), 냉동 블랙베리 50g(약 12알 반으로 자름), 피스타치오 10g(약 10알, 거칠게 다지기), 딜 약간(잎 부분만), 팬지 식용꽃 12잎

비네그레트 소스

오이 씨 30g, 엑스트라 버진 올리브오일 1T, 라임즙 1t, 라임 제스트 1T, 홀 그레인 머스터드½t, 팜슈가(메이플 시럽으로 대체 가능) ½t, 소금·후추 약간

· 요거트를 식물성으로 대체하면 비건 요리가 됩니다.

RECIPE

1. 오이 준비하기

미니 오이를 깨끗이 씻고 반으로 길게 자릅니다.

티스푼으로 속을 조심스럽게 파낸 후, 씨앗은 비네그레트용으로 따로 보관하세요.

2. 비네그레트

비네그레트 재료를 전부 넣고 부드럽게 저어주세요.

· 향이 섬세하므로 먹기 직전 가볍게 뿌리는 게 가장 좋습니다.

3. 완성하기

오이 속에 요거트를 적당히 채운 후, 베리, 다진 피스타치오, 딜,
식용꽃 잎을 아름답게 올립니다.

비네그레트를 한 방울씩 곁들여 향과 산미를 더해 마무리합니다.

ROASTED ROOT VEGETABLE SALAD
WITH BURRATA & HONEY BALSAMIC DRESSING

부라타치즈와 뿌리채소 샐러드

RITUAL OF THE DAY

뿌리를 먹는다는 건, 자연의 시간을 함께 받아들이는 일입니다.

땅속에서 천천히 자란 비트와 당근, 오래 기다려야 제 맛이 나는 샬롯은 계절의 흐름과 자연의 에너지를 그대로 담고 있어요.

부드러운 부라타치즈와 꿀, 발사믹, 홀그레인 머스터드로 만든 드레싱을 더하면 한 접시 속에 단단함과 부드러움, 깊은 단맛이 조화를 이룹니다.

이건 단순한 샐러드가 아니라, 몸을 위한 회복식이자 식재료 본연의 리듬을 존중하는 작지만 의미 있는 선택입니다.

속도를 늦추고, 뿌리에서부터 건강을 채워보세요. 지속가능한 식사는, 더 오래 건강하게 사는 길이 될 수 있으니까요.

INGREDIENT

(1–2인 기준)

뿌리채소 구이

비트 200g(중간 크기 1개), 당근 150g(중간 크기 1개) – 껍질 벗기고 1cm 두께로 슬라이스,

샬롯 100g(약 5개, 껍질 벗기고 반으로 자름), 엑스트라 버진 올리브오일 2T,

소금·후추 약간

허니 발사믹 드레싱

발사믹 식초 3T, 꿀 2T(메이플 시럽으로 대체 가능), 홀그레인 머스터드 1T,

엑스트라 버진 올리브오일 6T, 소금·후추 약간

토핑

미니 부라타치즈 200g, 처빌 30g

RECIPE

1. 뿌리채소 굽기

오븐을 200℃로 예열합니다.

비트, 당근, 샬롯을 엑스트라 버진 올리브오일, 소금·후추에 버무린 다음

베이킹 트레이에 펼쳐 놓습니다. 20~25분간 구워 채소를 충분히 익힙니다.

중간에 한 번 뒤집어 주세요.

2. 허니 발사믹 드레싱

작은 볼에 올리브오일을 제외한 드레싱 재료를 넣습니다.
그 다음 올리브오일을 천천히 부으며 잘 섞어줍니다.

3. 완성하기

접시에 구운 채소를 넉넉히 깔고, 미니 부라타치즈를 자연스
럽게 배치합니다. 드레싱을 뿌리고, 마지막에 처빌을 얹어 산
뜻함을 더합니다.

STRAWBERRY GAZPACHO WITH BURRATA,
KOREAN MELON & AGED BALSAMIC

발사믹 식초와 참외를 곁들인 가스파초

RITUAL OF THE DAY

산뜻한 첫 입, 부드러운 유제품,
그리고 자연의 단맛이 입안에 천천히 번집니다.
과일, 채소, 허브, 지방이 가벼운 리듬으로 몸에 스며드는 한 접시.
입맛을 깨우는 식사의 정점. 어느 계절에도 어울리는 부드러운 위로.

INGREDIENT

(1-2인 기준)

가스파초 베이스

오이 100g, 빨간 파프리카 100g, 잘 익은 토마토 200g, 딸기 300g

· 잘 갈릴 수 있도록 적당히 자르기

가스파초 소스

엑스트라 버진 올리브오일 3T, 타바스코 1T, 소금·후추 약간

· 타바스코는 기호에 따라 생략해도 좋습니다.

가니시

부라타치즈 150g, 참외 100g(1cm 정사각으로 썰기), 바질 5g, 엑스트라 버진
올리브오일 1T, 숙성 발사믹 식초 1T

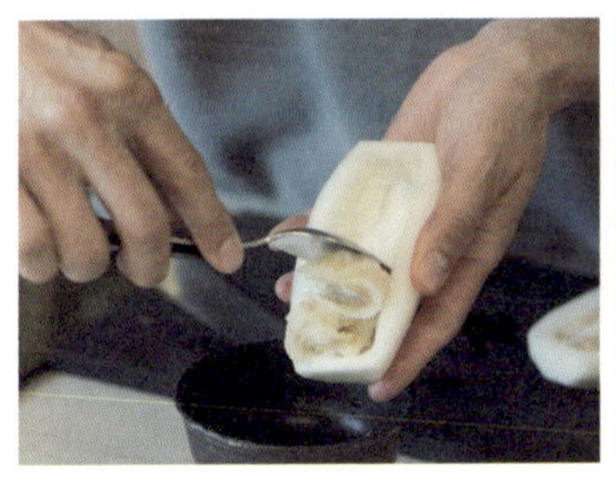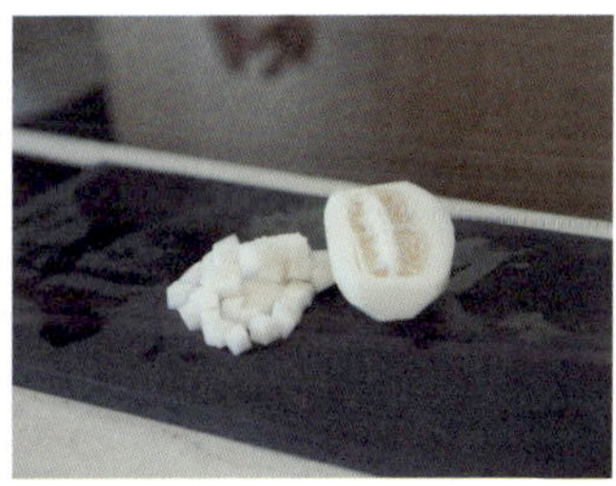

· 참외는 멜론으로 대체해도 좋습니다.
· 참외 속은 가스파초 소스에 넣어도 되지만, 씨앗의 식감이 싫다면 사용하지 않습니다.
· 발사믹 식초는 12년 이상 숙성 타입을 추천합니다.

RECIPE

1.

채소와 과일을 비롯해 가스파초 베이스와 소스를 모두 볼에 담고 섞습니다.

차가워질 수 있도록 냉장고에서 1시간 이상 둡니다.

차갑게 숙성된 재료를 블렌더에 곱게 갈아 소금·후추로 간을 맞춥니다.

더 부드럽게 먹고 싶다면 체에 한 번 걸러줍니다.

2. 완성하기

그릇에 가스파초를 담습니다.

부라타, 참외, 바질 잎을 얹습니다.

엑스트라 버진 올리브오일과 발사믹 식초를 뿌려 마무리합니다.

ROASTED VEGETABLE SALAD
WITH CREAMY BLACKBERRY-BASIL DRESSING

블랙베리의 산미, 채소의 단맛,

블랙베리
드레싱
구운 채소
샐러드

RITUAL OF THE DAY

블랙베리의 산미, 채소의 단맛,
천천히 음미하는 한 끼가 몸과 입맛을 부드럽게 깨웁니다.

INGREDIENT

(2인 기준)

구운 채소

파프리카 400g, 애호박 120g, 레디쉬 100g(약 10개) – 한 입 크기로 썰기
삶은 병아리콩 150g, 삶은 퀴노아 100g

구운 채소 양념

엑스트라 버진 올리브오일 3T, 소금 ½T, 후추 ½t, 마늘가루 1T, 훈제 파
프리카 가루 1T, 타임 10줄기(잎만 사용)

블랙베리 크리미 드레싱

엑스트라 버진 올리브오일 5T, 홀그레인 머스터드 1T, 꿀 1T(메이플 시럽
으로 대체 가능), 냉동 블랙베리 100g(해동 후 사용), 샬롯 1개(다지기), 바질
10g, 라임 1개

추가 토핑

미니순(마이크로그린으로 대체 가능) 50g, 미니 오이 100g(슬라이스), 잘 익
은 아보카도 1개(깍둑썰기), 페타치즈 50g, 바질 10g

RECIPE

1. 채소 굽기

오븐을 200℃로 예열합니다.

한입 크기로 썬 채소를 병아리콩, 퀴노아와 함께 믹싱볼에 담습니다.

올리브오일, 소금, 후추, 마늘가루, 훈제 파프리카 가루, 타임 잎을 넣고 섞습니다.

트레이에 유산지 깔고 채소를 펼쳐 오븐에 25~30분간 노릇하게 구워 준비합니다.

구워진 채소는 믹싱볼에 담아 가볍게 버무립니다.

2. 블랙베리 크리미 드레싱

라임은 과즙을 짜고, 그라인더를 사용해 제스트를 만듭니다.
블렌더에 라임 과즙과 제스트를 비롯해 드레싱 재료를 모두
넣고 부드럽게 갈아줍니다.

3. 완성하기

접시에 블랙베리 드레싱을 담습니다.
버무린 채소를 드레싱 위에 볼륨감 있게 올립니다.
추가 토핑 재료를 골고루 뿌려 마무리 합니다.

Chef's Essay 2

이 책의 핵심 화두는 단연 '건강'입니다. 그렇다면 건강한 음식이란 무엇일까요? 칼로리가 낮은 음식? 살이 덜 찌는 음식? 그 기준은 사람마다 다르겠지만 저는 몸의 회복력을 돕는 음식이라고 생각합니다. 단순히 영양소를 채우는 것이 아니라 몸의 기능이 자연스럽게 작동하고 회복할 수 있도록 도와주는 식사. 그러기 위해서는 덜 먹는 것보다 먼저 '해로운 것'을 줄이는 일이 선행되어야 합니다.

트랜스지방, 과도한 정제 탄수화물, 인공 감미료, 초가공 식품처럼 우리가 너무 쉽게 접하는 음식들로부터 조금씩 멀어져야 합니다. 그리고 그 빈자리를 덜 가공되고 더 자연에 가까운 재료들로 채워야 하죠. 이 책은 바로 그 과정에서 무엇을, 어떤 방식으로 먹을 것인가에 대한 제안입니다.

그런데 식재료만큼이나 중요한 것이 하나 더 있습니다. 바로 '조리 방법'과 '조리 도구'입니다. 예를 들어 치킨 너겟이나 감자튀김 같은 음식은 대부분 기름에 튀기는 방식으로 만듭니다. 하지만 조리기기의 발전으로 에어프라이어가 등장하면서 기름 섭취를 줄이면서도 비슷한 식감을 낼 수 있는 대안이 생겼습니다.

같은 재료라도 어떻게 조리하느냐, 어떤 도구를 쓰느냐에 따라 건강에 미치는 영향은 크게 달라질 수 있습니다. 또 다른 예로, 논스틱 코팅 팬을 떠

올려 보세요. 편리함이 장점이지만 코팅이 긁히거나 벗겨진 상태로 계속 사용하면 오히려 건강을 해칠 수 있습니다.

그래서 저는 가급적 스테인리스 팬이나 무쇠 팬을 추천합니다. 스테인리스 팬은 예열과 온도 조절 등 약간의 기술이 필요하지만 한번 익숙해지면 훨씬 안전하고 신뢰할 수 있는 도구입니다. 무쇠 팬은 관리만 잘하면 수십 년을 사용할 수 있는 지속 가능한 선택이며, 조리 결과도 뛰어납니다.

최근에는 건강한 조리를 돕는 도구들도 다양해졌습니다. 기름 없이도 식감과 풍미를 살려주는 스팀 오븐, 견과류·채소·곡물을 곱게 갈아주는 고성능 블렌더나 푸드 프로세서, 수분만으로도 조리할 수 있는 저온 조리 기기들... 이런 도구들은 요리를 단순히 '해야 하는 일'이 아닌, 더 건강한 삶을 위한 즐거운 경험으로 바꿔줍니다.

우리는 식재료를 고를 때만큼 조리 도구를 고르는 감각도 함께 키워야 합니다. 조리 방식은 결과를 바꾸고, 그 결과는 결국 우리의 몸과 삶의 리듬을 바꿉니다. 이 책에서 소개하는 레시피는 조리 과정의 단순함을 지향하지만, 그 단순함은 결코 기능을 포기한 것이 아닙니다. 오히려 최소한의 도구로 최대한의 건강과 맛을 끌어낼 수 있는 방법에 집중했습니다.

식재료에 새로운 시선을 갖는 것처럼 조리 도구에 대해서도 열린 마음으로 접근해 보세요. 그 한 걸음이 여러분의 식탁을, 그리고 삶 전체를 조금씩 더 건강한 방향으로 이끌어 줄 것입니다.

CIELO
TIERRA

RITUAL OF THE DAY

한입 가득 퍼지는 단맛과 고소함.
식이섬유와 항산화 영양소로 하루의 리듬을 부드럽게 여는 아침.
천천히 씹을수록 몸은 회복을 시작합니다.

양배추 모닝 스테이크

CABBAGE MORNING STEAK
WITH YOGURT & BLUEBERRIES

INGREDIENT

(1인 기준)

양배추 스테이크

양배추 300g(2~3cm 두께로 슬라이스), 엑스트라 버진 올리브오일 1T, 소금·후추 약간

토핑

반숙란 1개, 무가당 그릭요거트 3T, 블루베리 50g, 구운 아몬드 10g(굵게 다져서 사용), 엑스트라 버진 올리브오일 2T

· 반숙란은 달걀을 끓는 물에 6~7분 정도 삶으면 됩니다.

RECIPE

1.

양배추 슬라이스에 소금과 후추를 살짝 뿌립니다.

팬에 엑스트라 버진 올리브오일을 두르고, 양면을 노릇하게 약불에서 굽습니다.

· 양배추가 두꺼워 팬에서 덜 익을 수 있으므로 필요하면 뚜껑을 덮어 속까지 익히세요.

· 오븐을 사용할 경우, 엑스트라 버진 올리브오일을 두르고 200℃로 예열한 뒤 약 20분
  정도 구워주세요. 중간에 한번 뒤집어주세요.

2. 완성하기

구운 양배추 위에 그릭요거트를 얹고 그 위에 블루베리, 아몬드 순서로 뿌립니다.

반숙란을 올리고 엑스트라 버진 올리브오일을 뿌려 완성하세요

SMOKED SALMON & AVOCADO LETTUCE BURGER

훈제 연어 &
아보카도
레터스 버거

RITUAL OF THE DAY

자연 그대로의 단백질과 건강한 지방이 만나 속도를 늦추는 아침을 선물합니다.
부드럽게 퍼지는 연어와 아보카도의 조화 속에서 오늘 하루, 나의 리듬은 건강하게 시작됩니다.

INGREDIENT
(2인 기준)

버거 속

적양파 30g, 토마토 60g, 아보카도 70g, 훈제 연어 60g, 반숙란 2개(또는 수란)
 - 얇게 슬라이스
양상추 80g(8장)

· 적양파의 매운맛이 싫다면 차가운 물에 15~30분 정도 담근 뒤 꺼내어 물기를 제거

합니다.

소스

그릭요거트 2T, 딜 2g(잎만), 후추 약간

마무리

엑스트라 버진 올리브오일 1T

RECIPE

1. 허브 요거트 소스

그릭요거트에 다진 딜과 약간의 후추를 섞어
상큼한 허브 요거트 소스를 준비합니다.

2. 연어 버거 말기

랩 위에 양상추 4장을 겹겹이 깔고, 그 위에 아보카도, 적양파, 토마토,
훈제 연어, 딜 요거트 소스, 반숙란 순서대로 재료를 올립니다.
다시 양상추 4장을 덮어 감싸고 랩으로 단단히 말아 고정합니다.

3. 완성하기

랩을 반으로 잘라 단면이 보이게 합니다.

단면 위에 엑스트라 버진 올리브오일, 후추를 살짝 뿌려 마무리합니다.

RITUAL OF THE DAY

단백질과 지방, 섬유소의 완벽한 아침 균형.
몸의 속도뿐 아니라, 하루의 흐름을 부드럽게 조율하는 한 접시입니다.

아침을 여는 균형 플레이트

BALANCED START SKILLET

INGREDIENT

(1-2인 기준)

베이스

삶은 렌틸콩 60g, 삶은 병아리콩 80g, 애호박 50g(채 썰기), 적양파 30g(슬라이스) 달걀 1~2개, 엑스트라 버진 올리브오일 3T, 강황가루 1/3t, 소금·후추 약간

토핑

썬드라이 토마토 50g, 아보카도 60g(슬라이스), 처빌 5g, 피스타치오 10g(다지기), 라임주스 및 라임 제스트(선택)

RECIPE

1. 채소 볶기

팬에 올리브오일 2T를 두르고 슬라이스한 적양파, 채 썬 애호박을
약불에서 2~3분 볶습니다.

2. 콩류와 향신료 추가

채소를 볶던 팬에 렌틸콩과 병아리콩을 넣고 소금, 후추, 강황을 넣어 2분
간 더 볶아줍니다.

콩이 고소하게 노릇해질 때까지 살짝 눌러줘도 좋습니다.

3. 달걀 넣기

팬 가운데 자리를 만들고 올리브오일 1T를 추가한 뒤 달걀을 깨뜨려 넣습니다.
뚜껑을 덮고 약불에서 3분, 노른자가 살짝 반숙이 되도록 익혀줍니다.

4. 완성하기

썬드라이 토마토, 아보카도, 처빌, 피스타치오를 곁들여 마무리합니다.

· 기호에 따라 라임주스 또는 라임 제스트를 추가해도 좋습니다.

BIRCHER MUESLI

자극은 덜고, 에너지는 오래, 아침을 천천히 깨우는 저속노화의 루틴.

버처
뮤즐리

RITUAL OF THE DAY

자극은 덜고, 에너지는 오래, 아침을 천천히 깨우는 저속노화의 루틴.

귀리의 베타글루칸은 콜레스테롤을 낮추고 혈당을 완만하게 조절합니다.

베리류는 폴리페놀과 항산화 성분이 많고, 치아시드와 견과류는 오메가-3와 식물성 단백질을 공급합니다. 마지막에 뿌린 엑스트라 버진 올리브오일로 인해 혈당 밸런스와 풍미가 한층 깊어집니다.

INGREDIENT

(2인 기준)

베이스

오트밀 60g, 치아시드 2T, 귀리 우유 300ml, 그릭요거트 200g, 메
이플 시럽 2T, 계피가루½t

토핑

딸기 80g, 샤인머스켓 100g – **반으로 자르기**

피스타치오 20g(잘게 다지기), 블루베리 80g, 엑스트라 버진 올리브오일 2T

RECIPE

1. 오트밀 베이스

볼에 베이스 재료를 모두 넣고 잘 섞습니다.

뚜껑을 덮거나 밀폐용기에 담아 냉장고에 최소 4시간 이상 또는 하룻밤

동안 불립니다.

2. 완성하기

불린 뮤즐리를 꺼내 그릇에 담아주세요.

뮤즐리 위에 블루베리, 딸기, 샤인머스켓,

피스타치오를 보기 좋게 올려줍니다.

엑스트라 버진 올리브오일을 살짝 둘러

마무리합니다.

FLEUR
DE SEL

피스타치오 바질 페스토를 곁들인 토마토

RITUAL OF THE DAY

가볍게 시작해도, 오래 기억되는 한 접시.
껍질을 벗긴 잘 익은 토마토와 유산균이 살아 있는 그릭요거트, 바질과 피스타치오의
고소함이 어우러진 페스토의 균형.
이 조합은 단순한 에피타이저가 아닙니다.
소화에 부담을 주지 않아 저녁 메뉴로도 손색없고, 깊은 만족을 채워주는 저속노화의
지혜입니다.
먹는 속도뿐 아니라, 삶의 리듬까지 한결 느긋하게 되돌려주는 조용한 제안입니다.

GREEK YOGURT & TOMATO
WITH PISTACHIO BASIL PESTO

INGREDIENT

(1인 기준)

피스타치오 · 바질 페스토

구운 피스타치오 30g, 파르미지아노레지아노(간 것) 30g, 깐마늘 10g,

바질 잎 30g, 엔초비 10g, 엑스트라 버진 올리브오일 100ml, 소금 ⅓t, 후추 ⅓t

토마토 베이스

잘 익은 토마토 200g, 그릭요거트 50g

· 토마토는 칼집을 내고 끓는 물에 10초 정도 담갔다가 껍질을 제거합니다.

토핑

엑스트라 버진 올리브오일 2T, 플뢰르 드 셀 또는 굵은 소금½t

RECIPE

1. 페스토

피스타치오, 치즈, 마늘, 바질, 엔초비, 소금, 후추를 블렌더에 넣고 곱게
갈아줍니다.
올리브오일을 천천히 부어 유연하고 매끄러운 질감으로 완성합니다.

· 보관할 때는 위에 오일을 살짝 덮어 산화를 방지합니다.

2. 토마토 베이스

껍질을 제거한 토마토의 속을 살짝 파내어 그릭요거트를 토마토 안에 채웁니다.

· 파낸 토마토 속은 토마토를 사용하는 요리에 활용해 보세요.
  예 : 스트로베리 가스파초(P. 49), 라따뚜이(P. 135) 등

3. 완성하기

접시 위에 페스토를 넓게 펼쳐주세요.

토마토를 올리고, 엑스트라 버진 올리브오일과 플뢰르 드 셀
(또는 소금)을 가볍게 뿌려 마무리합니다.

Chef's Essay 3

요리란, 기억과 연결되어 있다고 믿습니다. 사실 음식을 단순히 '맛있다', '맛없다'로만 말해버리면, 그 안에 담긴 재료의 이야기나 요리한 사람의 마음은 쉽게 잊히기 마련입니다. 음식은 평가보다, 대화를 통해 더 깊어지는 감각의 언어에 가깝습니다. 그 순간 음식은 단순한 끼니를 넘어 기억이 되고 이야기의 일부가 됩니다. 평범한 집밥 한 그릇도 누군가에겐 오래도록 마음에 남는 특별한 장면이 될 수 있으니까요.

그래서 저는 "요리란 기억을 담는 그릇이다"라는 말을 좋아합니다. 노르웨이 오슬로의 미슐랭 3스타 레스토랑 'Maaemo'를 이끄는 셰프 에스벤 휠므 방Esben Holmboe Bang이 한 말이죠. 또 프랑스의 전설적인 셰프 알랭 뒤카스Alain Ducasse 역시 요리를 두고 이렇게 말했습니다. "단순히 배를 채우는 것이 아니라, 감정을 전하는 것이다."

두 사람의 철학은 같은 방향을 바라보고 있다고 생각합니다. 물론 좋은 셰프의 정의는 사람마다 다릅니다. '그냥 맛있는 음식 만들어주면 되는 거 아냐?' 하고 생각할 수도 있죠. 그 말도 맞습니다. 하지만 저는 진짜 좋은 셰프란 손님과 소통하는 사람이라고 생각합니다. 소통이 있어야 요리를 통해 감정도, 이야기까지도 함께 전해지기 때문입니다.

제가 운영하는 와인바 킥KICK을 예로 들어볼게요. 지금의 킥은 좌석이 10석을 넘지 않도록 일부러 작게 설계했습니다. 그 이유는 단순합니다. 손님 한 분 한 분과 눈을 맞추고, 직접 이야기를 나눌 수 있는 공간을 만들고 싶었기 때문입니다.

사실 예전에는 성수동에서 50석이 넘는 대형 매장을 운영한 적도 있었는데요, 그때는 손님이 앉은 테이블을 바라볼 틈도 없이 주방과 홀을 쉴 새 없이 오가며 하루를 보냈습니다. 그랬기에 그 한 접시 뒤에 담긴 이야기와 마음은 전해지지 못했습니다. 지금의 킥은 소박하지만 더 밀도 있는 대화와 경험이 오가는 공간입니다. 공간이 작을수록 요리는 더 섬세해지고, 사람과 사람 사이의 거리는 자연스럽게 가까워집니다.

이런 경험은 단순히 조리 기술이 아니라 사람을 대하는 태도이고, 창의성이라기보다는 요리를 바라보는 철학의 문제라고 생각합니다. 유튜브나 책 작업도 마찬가지입니다. 누군가 킥에서 먹었던 식재료가 마음에 들었다면, 나중에 유튜브에서 그 재료를 활용한 요리를 소개했을 때 따라 해보고 싶은 마음이 생기기 마련이죠. 이미 좋은 기억으로 남아 있기 때문입니다.

결국 중요한 건 한 번이라도 시도해 보는 것입니다. 새로운 식재료, 낯선 조합, 생소한 조리법이라도 '한 번쯤 해 본다'는 시도는 취향이 되고, 나만의 요리 철학이 되며, 일상의 라이프스타일로 이어지기도 합니다. 제가 요리를 통해 전하고 싶은 건 결국 이 질문입니다. '어떻게 만들까?'가 아니라 '왜 만들까?'

그 안에 담긴 기억과 감정, 사람과 사람 사이의 연결. 이것이 쌓이면 요리는 단순한 기술을 넘어 하나의 언어가 됩니다. 저는 셰프로서 그 언어를 더 많은 이들과 나누고 싶습니다. 손님과 소통 하고 유튜브를 통해 화면 너머의 누군가와 레시피를 공유하며, 책을 통해 낯선 독자에게까지 따뜻한 마음을 건네는 것.

요리는 그렇게 삶과 사람을 잇는 매개가 됩니다. 저는 오늘도 주방에서 또 한 그릇의 기억을 준비합니다. 그리고 그런 요리를 만드는 셰프이고 싶습니다.

CHAPTER 2

점심&일품요리

Midday Plate

든든하지만 가볍고, 기능적이면서도, 만족스러운
한 끼로 충분하지만 결코 과하지 않은
점심 & 일품요리를 제안합니다.
단백질, 복합 탄수화물, 건강한 지방의 리듬으로
오후 시간까지 집중력과 컨디션을 유지할 수 있도록 구성했습니다.

Balanced Lunch & Slow Main Dishes

Chef's Essay 4

요리가 꼭 오래 걸려야만 정성스럽고 근사하다는 법은 없습니다. 누군가를 초대했을 때 혹은 짧은 시간 안에 조화로운 한 접시를 완성하고 싶을 때 비결은 기술보다 마음의 여유에 있습니다. 여유가 있을 때 우리는 재료를 천천히 들여다볼 수 있고, 과하지 않은 선택을 할 수 있습니다. 그때 비로소 요리는 '단순하지만 기억에 남는 음식'이 됩니다.

저는 종종 친구들을 집으로 초대합니다. 음식을 준비하면 친구들이 묻곤 하죠. "이렇게 금방 나왔는데, 어떻게 이렇게 근사해?" 사람들은 '저속노화 식단'이라고 하면 시간이 오래 걸리고 복잡하다고 생각하지만, 사실 그 반대일 수도 있습니다.

핵심은 좋은 식재료, 기본이 되는 소스, 그리고 그 둘을 자연스럽게 잇는 간결한 감각입니다. 우리는 '장'이라는 기본 소스로 수많은 음식을 만들어 온 민족입니다. 그처럼 몇 가지 잘 만든 소스만 냉장고에 준비되어 있다면 계절 채소 몇 가지, 간단한 곡물, 두부나 생선을 곁들여 수십 가지의 근사한 요리를 손쉽게 완성할 수 있습니다.

예를 들어볼까요? 좋은 엑스트라 버진 올리브오일에 마늘과 향신료를 더하고, 바질, 루꼴라, 미나리 같은 향긋한 허브를 갈아 넣으면 하나의 페스토가 됩니다. 이 페스토로 파스타, 샐러드, 두부, 고기 요리까지 다양한 방식으로 응용할 수 있습니다. 혹은 파프리카와 견과류를 구워 만든 로메스코 소스는 빵이나 고기 혹은 생선 요리에 깊은 풍미를 더해 줍니다.

결국 중요한 점은 레시피를 외우는 것이 아니라, 소스의 구조와 맛의 균형을 감각적으로 이해하는 것입니다. 좋은 재료 한두 가지에 잘 만든 소스를 더하면 그 자체로 계절을 담은 근사한 한 접시가 완성됩니다.

이것이 바로 저속노화 식사의 본질입니다. 오래 끓이고, 많이 넣고, 복잡하게 하지 않아도 괜찮습니다. 자연의 속도에 맞춰, 식재료 본연의 맛을 살리고, 몸을 회복하고, 마음에 오래 남을 음식을 만드는 것, 그것이 진짜 '근사한 요리'의 시작입니다.

이번 챕터에서는 그런 레시피들을 소개합니다. 점심을 대신해서 먹어도 좋고, 집에 손님들이 왔을 때 자신 있게 내놓을 수 있는, 그러나 어렵지 않은 요리들입니다.

Chef's Essay 5

미식이라고 하면 우리는 흔히 '맛'에만 집중하는 경향이 있습니다. 하지만 진짜 미식은 그 맛이 머무는 공간의 공기, 흐름, 분위기까지 아우릅니다. 입 안에서 시작된 감각은 술 한 모금과 어우러지며 다시 확장되고, 더 깊은 기억으로 남습니다.

와인이야말로 이 흐름을 더 풍요롭게 만들어 주는 도구라고 생각합니다. 단순한 음료가 아니라 맛의 리듬을 조율해 주는 하나의 악보 같은 존재이니까요. 한 입 베어 무는 순간 가장 강렬했던 음식의 인상이 점점 무뎌질 때쯤 와인 한 모금으로 입안을 정돈하면, 다시 새로운 시작처럼 맛을 되살려 줍니다. 이게 바로 페어링의 미학입니다.

예컨대 크림소스를 곁들인 뇨끼 위에 은은한 산미와 가벼운 탄닌의 네비올로 와인이 올라간다면, 느끼함은 눌리고 깊이가 더해지면서 음식과 와인은 한 접시 안에서 작은 오케스트라처럼 조화를 이룹니다. 그래서 와인은 단순히 곁들이는 술이 아니라 음식이 전하는 맛의 흐름을 정돈하고, 다음 한 입을 더 깊이 있게 만들어 주는 미각의 조율자입니다.

특히 산미가 좋은 와인은 저속노화 요리와도 깊은 조화를 이룹니다. 산미는 생선, 채소, 곡물 등 자연 친화적인 식재료의 담백함을 배가하고, 감각을 환기해 주기 때문입니다. 우리는 단지 배를 채우는 것이 아니라, 음

식을 통해 시간을 기억하고, 계절을 느끼며, 자신만의 감각을 발견해 나갑니다. 그 곁에 와인이 있다면 더 천천히, 더 깊이 음식을 즐길 수 있게 되겠지요.

이번 챕터부터는 레시피에 따라 와인 페어링의 감각도 함께 제안합니다. 음식은 그냥 먹어도 좋지만, 와인 한 잔이 더해질 때 비로소 그 맛이 완성됩니다. 한 입, 한 모금, 그리고 소중한 대화. 이 모든 것이 어우러져 하나의 순간을 만들고, 우리는 음식과 삶의 리듬을 잇는 경험을 하게 됩니다.

라이스페이퍼 참치 타다키롤

RITUAL OF THE DAY

노화는 멈출 수 없지만, 그 속도는 선택할 수 있습니다.
저속노화를 위한 롤 한 접시. 참치를 겉만 살짝 시어링해 감칠맛과 촉촉한 식감을 끌어내고,
고추냉이잎의 알싸한 풍미는 소화를 돕습니다. 아보카도 등 건강한 지방과의 조화로,
식사로도, 가벼운 안주로도 완벽합니다.

NUMBER12

INGREDIENT

(2인 기준)

참치 타다키

참치 등살 100g(표면 수분을 키친타월로 닦고, 소금과 후추를 살짝 뿌려 밑간),
엑스트라 버진 올리브오일 1T, 소금·흑후추 약간

· 참치는 바로 사용하면 가장 신선하며, 냉장 보관 해야할 경우 1시간 이내가 좋습니다.

속재료

잘 익은 아보카도 100g, 쪽파 10g(녹색 부분) 적양배추 50g, 고추냉이잎 또는
케일 5장 – 롤에 넣기 좋게 자르기

라이스페이퍼 롤

사각 라이스페이퍼 4장, 타마리 간장 5T, 물 10T

토핑

후리가케 5T

소스

비건 마요네즈 5T, 쪽파 녹색 부분 10g(다지기)

RECIPE

1. 참치 준비

센 불로 달군 팬에 올리브오일 1T를 두른 뒤, 참치를 넣어 모든 면이 살짝
익도록 빠르게 굽습니다. 한 면당 약 10초씩 노릇하게 구워 겉은 익고 속은
생으로 남게 합니다. 한입 크기로 썹니다.

2. 라이스페이퍼 롤

타마리 간장과 물을 접시에 섞습니다. 이 혼합액을
물 대용으로 사용합니다.
라이스페이퍼를 간장 소스에 가볍게 적십니다. 참치
를 비롯한 속 재료를 올려 단단히 말아줍니다.

3. 소스

비건 마요네즈에 다진 쪽파 녹색
부분을 섞어 소스를 만듭니다.

4. 완성하기

후리가케에 롤 겉면을 굴려 골고루
묻히고, 먹기 좋은 크기로 잘라 접
시에 담습니다.
만들어 둔 소스를 찍어 먹습니다.

Harmony of the Glass

Cloudy Bay "Te Koko" Sauvignon Blanc
클라우디 베이 테 코코 소비뇽 블랑(뉴질랜드 / Marlborough)

테 코코는 늘 시간을 조금 들여야 하는 와인입
니다.

잔에 따른 뒤 바로 마시면 닫혀 있지만, 잠시 숨
을 고르면 향이 천천히 피어나죠.

그 느린 리듬이 참치 타다키롤과 닮아 있습니다.

간장의 짠맛, 아보카도의 유분, 고추냉이잎의
알싸함이 이 와인의 크리미한 질감 속에서 하
나로 녹아듭니다.

입안이 가벼워지면서도, 어딘가 깊은 무게감이
남아요.

한 모금마다 맛이 다시 살아나는 경험 그래서 늘 기억에 남는 와인입니다.

"Dareum Oreum"
다른오름 양조장 (약주) 다른오름 13도(대한민국 / Jeonju)

참치를 익히기보다는 살려내는 쪽에 가까운 방식 아보카도의 부드러운 지방, 알싸한 고추냉이잎, 바삭한 후리가케, 쫀득한 라이스페이퍼의 식감까지 겹겹이 쌓인 디테일이 입 안에서는 오히려 아주 조용하게 풀어집니다.

이럴 땐 요란한 와인보다, 조용한 자신감이 있는 술, 다른오름 13도를 곁들입니다. 이 술을 처음 마셨을 때 가장 인상 깊었던 건, 향이 먼저 튀어나오지 않는다는 점이었어요. 한 모금 삼키고 나서야 은은하게 퍼지는 곡물의 따뜻한 향, 그리고 미묘한 산미가 입 안을 가만히 감쌉니다.

익숙하면서도 낯선 느낌, 화려하진 않지만, 자신의 자리를 단단히 지키고 있는 인상. 그게 이 술의 가장 큰 매력이었습니다.

갓김치를 곁들인 파로 통곡물 라이스 볼

RITUAL OF THE DAY

갓김치는 전통 발효에서 비롯된 유산균이 장내 미생물 균형을 바로잡고,
알싸한 풍미는 소화를 돕고 항산화 작용을 유도합니다.
짠맛을 가볍게 씻어내어 사용하면, 부담 없이 깊은 감칠맛을 더할 수 있습니다.
파로 통곡물밥은 정제되지 않은 고대 곡물로, 저항성 전분과 식이섬유, 마그네슘, 아연이 풍부하여
혈당을 완만히 상승시키고 지속적인 에너지를 제공합니다.

INGREDIENT

(1인 기준)

파로 통곡물밥 햇반 1개(190g)

밑간

레몬즙 1t, 엑스트라 버진 올리브오일 3T, 타마리 간장 1T

토핑

잘 익은 아보카도 100g(슬라이스), 씻은 갓김치 30g(적당한 크기
로 썰기), 오이고추 50g(얇게 슬라이스), 볶은 호두 또는 아몬드 1T,
어린잎 채소 믹스 50g, 소금·후추

RECIPE

1.

파로 통곡물밥은 전자레인지에 데우고, 볼에
담습니다.
밥 위에 밑간 재료를 뿌리고 가볍게 섞습니다.

2. 완성하기

아보카도, 갓김치, 슬라이스한 오이고추, 볶은 견과류를 보기
좋게 올립니다.
마지막으로 어린잎 채소 믹스를 올리고, 필요하면 소금·후추로
간을 마무리합니다.

RITUAL OF THE DAY

닭 육수와 라임, 참기름이 어우러진 깊고 은은한 풍미.
속도를 늦춘 한 끼가 오늘의 회복을 부드럽게 시작하게 합니다.

부드럽게 찐 닭다리살과 현미밥

STEAMED CHICKEN BOWL WITH BROWN RICE

부드러운 단백질과 천천히 소화되는 현미,
몸을 편안하게 해주는 회복의 식사

INGREDIENT

(2인 기준)

닭다리살 찜

닭다리살 300g, 생강 20g(0.3cm 정도 두께로 슬라이스), 대파 흰 부분
50g(3cm 정도 길이로 자르기), 물 300ml

소스

찐 닭다리살 육수 100ml, 팜슈가 또는 코코넛 슈가 1T, 다진 마늘 1T, 고운 고
춧가루 1T, 라임주스 1T, 참치액 1T, 쪽파 3T(녹색 부분, 다지기)

· 팜슈가 또는 코코넛 슈가의 양은 취향에 따라 간을 보면서 1t~1T 사이로
조절하세요.

밥

현미밥 400g, 참기름 1T, 볶은 깨 1/2T

RECIPE

1. 닭다리살 찌기

찜기 바닥에 물, 생강, 대파를 넣고 약불로 가열한 뒤 물이 끓으면 닭다리살을 올려 15분간 찝니다. 익힌 닭고기는 먹기 좋은 크기로 자릅니다.

2. 소스

닭다리살을 찐 육수에 모든 소스 재료를 넣고 잘 섞습니다.

3. 완성하기

접시에 따뜻한 현미밥을 담고, 그 위에 닭다리살을 올립니다.
소스를 넉넉히 끼얹은 뒤, 참기름과 볶은 깨를 뿌려 마무리합니다.

연어
오차즈케

RITUAL OF THE DAY

따뜻한 국물과 고소한 연어의 풍미,
현미의 천천한 소화가 하루의 속도를 낮춰줍니다.
천천히 하지만 깊게…
이 한 그릇이 당신의 리듬을 다시 정돈합니다.

INGREDIENT

(1인 기준)

밥

현미밥 또는 잡곡밥 190g, 유기농 쌀 식초 1/2T

육수

물 200ml, 채소 코인 육수 3g(1개), 타마리 간장 1t

연어

생연어 120g, 엑스트라 버진 올리브오일 1T, 소금·흑후추·레몬즙 약간

토핑

쪽파 3T(녹색 부분, 다지기), 후리가케 1/2T, 생 와사비 1/2t

RECIPE

1. 육수

냄비에 물을 데운 후, 채소 코인 육수를 넣고 잘 풀어줍니다.
마지막에 타마리 간장을 넣고 간을 맞춥니다.

· 육수는 팔팔 끓이지 말고 끓기 직전 온도를 유지하세요.

2. 연어 굽기

생연어는 수분을 키친타월로 닦고, 소금과 흑후추를 살짝 뿌려 밑간합니다.
레몬즙을 한두 방울 떨어뜨려 잡내를 없애고, 약 5분간 실온에서 재웁니다.
팬을 중약불로 달군 뒤 엑스트라 버진 올리브오일 1T를 두르고 연어를 올립니다.

한 면은 약 2분간, 반대쪽은 1분~1분 30초 정도 구워 겉은 노릇하고 속은 촉촉하게 익혀줍니다. 너무 익히지 말고, 불을 끈 뒤 여열로 잠시 두면 부드러운 질감이 살아납니다.

3. 밥 준비

따뜻한 현미밥 또는 잡곡밥에 유기농 쌀 식초를 넣고 가볍게
섞어 고슬고슬하게 준비합니다.

4. 완성하기

그릇에 밥과 연어를 담고, 토핑 재료를 고루 얹습니다.
준비된 뜨거운 육수를 재료가 잠기지 않을 정도까지만
조심스럽게 부어줍니다.

Harmony of the Glass

Château de Maligny Petit Chablis

샤또 드 말리니 쁘띠 샤블리(프랑스 / Bourgogne, Chablis)

첫 모금에서부터 '정갈하다'는 인상이 듭니다. 연어 오차즈케의 따뜻한 육수와 고소한 밥 향이 퍼진 뒤, 이 와인이 입안을 산뜻하게 정리해 줍니다. 샤블리 특유의 미네랄과 흰 꽃 향이 연어의 지방을 섬세하게 감싸고, 국물의 온도를 방해하지 않은 채 식사의 마지막까지 깔끔한 균형을 유지합니다. 따뜻한 한 그릇 뒤, 투명한 산미가 남기는 잔향, 그것만으로도 하루가 정리되는 기분이 듭니다.

Daou "Bodyguard" Chardonnay
다우 보디가드 샤도네이(미국 / California, Paso Robles)

조용히 따뜻한 와인입니다. 입안에 들어서면 크리미한 질감이 퍼지고, 연어의 고소함과 참기름의 향이 부드럽게 이어집니다. 너무 무겁지 않고, 그렇다고 가볍지도 않은 중간의 질감 — 마치 밥 위에 올려진 연어 한 점처럼 안정적인 밸런스를 느낍니다. 국물의 감칠맛과 와인의 미묘한 오크 향이 서로의 빈틈을 채워주는 순간, 와인은 음식의 일부가 되어버립니다.

Franck Bonville Brut Rosé
프랭크 봉빌 브뤼 로제(프랑스 / Champagne)

로제 샴페인은 이 요리의 마무리에 어울리는 한 잔입니다. 섬세한 기포와 딸기 껍질 같은 산미가 연어의 지방과 육수의 따뜻함을 가볍게 털어내죠. 너무 강하지 않은 드라이함 덕분에 한 모금마다 입안이 새로워지고, 식사 전체가 한층 더 유연해집니다. 식사를 마친 뒤의 작은 쉼표처럼, 잔을 내려놓는 그 순간까지 리듬은 여전히 부드럽게 이어집니다.

Chef's Essay 6

요리라는 일에 처음 빠져들었을 때, 저는 늘 무언가를 '더하는 사람'이었습니다. 더 많은 재료, 더 화려한 플레이팅, 더 복잡한 소스. 그게 요리의 깊이이고 창의성이라고 믿었죠. 한 달 월급이 통째로 책장으로 옮겨지던 시절이었습니다. 그 결과, 저는 외국 유명 셰프의 화려한 음식이 담긴 요리책을 천 권 넘게 모았습니다. 책 속 레시피를 따라 하고, 메모하고, 때로는 재료를 바꿔보며 나만의 맛을 실험하는 일이 그때는 하루의 가장 큰 기쁨이었습니다. 그 과정에서 요리 실력이 많이 향상된 것도 부인할 수 없습니다. 그러나 어느 순간 문득 이런 생각이 들었습니다. '이렇게까지 복잡하게 만들어야만 맛있을까? 나는 지금 누구를 위해 요리하고 있는 걸까?'

돌이켜보면, 요리에 대한 전환점은 바로 '덜어냄'의 가치를 받아들였을 때 시작됐습니다. 특급호텔에서 근무하던 시절, 선배 셰프들의 접시를 보고 의아했던 적이 있습니다. '왜 이렇게 간단하게 플레이팅하지?' 그땐 그게 정성이 덜 들어간 것처럼 느껴졌지만, 지금은 그 안에 담긴 정확한 선택과 집중의 힘을 이해하게 되었습니다.

고기 위엔 딱 맞는 채소 한두 가지, 소스 역시 최소한으로. 과감히 덜어낸 그 자리에 식재료의 결이 또렷이 드러나고 계절의 숨결이 조용히 스며들면서 요리의 본질은 한층 더 깊어집니다.

지금의 저는 좋은 재료를 최대한 덜 가공하고, 화려한 기술보다는 섬세한 조화에 집중합니다. '먹는 것'이 단지 맛을 넘어서 지속 가능한 몸과 마음의 리듬을 만들어 주는 행위라고 믿기 때문입니다. 이렇게 요리에 대한 관점이 바뀌고 난 뒤 저는 그동안 모은 요리책을 모두 버렸습니다. 책이 잘못되었다거나, 그 요리가 틀려서가 아니라 이제는 나만의 리듬을 찾았기 때문입니다. 쌓기보다 덜어내기. 그 안에 담긴 철학을 담아 저는 오늘도, 가장 단순한 재료로 가장 오래 남을 맛을 만들어 갑니다.

RITUAL OF THE DAY

신선한 단백질과 천연 발효의 조화가 입안에서 천천히 펼쳐집니다.
자극 없이 감각을 깨우는 이 한 접시가 몸의 리듬을 부드럽게, 건강한 방향으로 이끕니다.

숙성 도미회와 유자 고추 비네그레트

AGED SEA BREAM CARPACCIO
WITH YUZU-KOSHO VINAIGRETTE

폴리페놀, 오메가-9, 천연 발효
향신료가 어우러진 미니멀 힐링 디쉬

INGREDIENT

(2인 기준)

숙성 도미회 120~150g(얇게 슬라이스)

유자고추 비네그레트

엑스트라 버진 올리브오일 2T, 라임 주스 1T, 유자고추 1/4T, 천일염 한 꼬집,
후추 약간

토핑

라임 제스트 1/2T, 무순 10g

1. 도미회 준비

슬라이스한 숙성 도미회를 접시에 원형 또는 비스듬히 배열합니다.

2. 드레싱

작은 볼에 유자고추와 비네그레트 재료를 넣고 잘 섞습니다.

· 거품기로 가볍게 섞어 유화시키면 풍미가 더 깊어집니다.

3. 완성하기

도미회 위에 드레싱을 뿌리고 무순과 라임 제스트를 고르게
올려 마무리합니다.

Harmony of the Glass

Veuve Clicquot Brut

뵈브 클리코 브뤼(프랑스 / Champagne)

처음엔 가볍고 투명하게 시작하지만, 여운은 따뜻하고 길게 남습니다. 유자고추의 산미가 둥글게 정리되고, 라임 제스트의 상큼함이 기포 속에서 다시 살아나죠.

그래서 이 와인은 단순히 입안을 정리하는 역할을 넘어서, 맛의 여운을 한 단계 더 확장시켜 줍니다. 뵈브 클리코는 언제나 그렇듯, 화려하지 않지만 완벽하게 균형 잡힌 방식으로 그 순간의 '조화'를 완성하며 식사의 마지막을 한층 더 우아하게 만들어 줍니다.

다른 오롬 양조장 "하루주"
김지웅교수의 하루주(약주) (대한민국 / Jeonju)

전주대학교에 자리한 양조장을 방문했을 때의 기억이 아직 또렷합니다.

맑은 향이 잔 위로 올라오자, 저도 모르게 한동안 멈춰 서 있었습니다. 쌀과 누룩 그리고 사과만으로 빚어낸 그 한 잔은 단정하고 조용했죠.

첫 모금에서는 사과의 상쾌함이 그 뒤로는 누룩의 따뜻한 향이 천천히 이어집니다. 숙성 도미의 섬세한 단맛과 만나자 지금껏 경험하지 못한 투명한 균형이 만들어졌습니다. 그 조화 속에는 전통의 깊이와 새로운 가능성이 공존하고 있었습니다.

그날 이후로, 한국적인 페어링의 세계가 앞으로 얼마나 더 넓어질 수 있을지 문득 궁금해졌습니다.

잡곡과
엑스트라 버진
올리브 오일
라따뚜이

RITUAL OF THE DAY

천천히 익은 채소의 단맛, 잡곡의 든든한 여운과 바질의 향.
당신의 오후는 이 한 접시에서부터 부드럽게 시작됩니다.

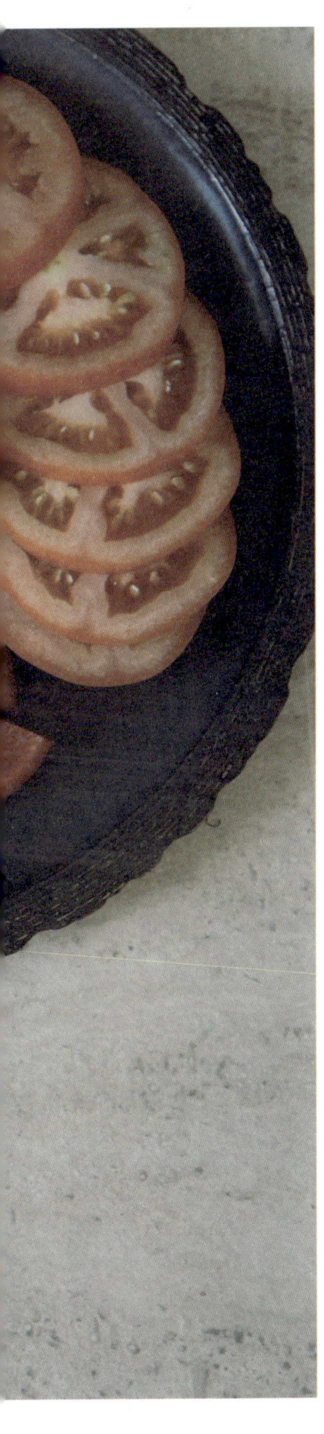

INGREDIENT

(2인 기준)

베이스 채소

가지 250g, 완숙 토마토 500g, 주키니 200g – 슬라이스

빨간 파프리카 100g 노란 파프리카 100g – 큐브 형태

카스텔 베트라노 올리브 50g

소스

다진 마늘 2T, 양파 150g(큐브 형태), 잡곡밥 100g, 채소 코인

육수 10g, 엑스트라 버진 올리브오일 5T, 소금·후추 약간

· 잡곡은 무엇이든 상관없지만 현미, 보리, 퀴노아 등의 혼합을 추

천합니다.

토핑

미니 바질 5g, 그릭요거트 2T

RECIPE

1. 채소 준비

가지와 주키니는 소금을 약간 뿌려 10분간 두었다가
키친 타월로 물기를 제거합니다.

2. 채소 굽기 & 베이스 만들기

깊은 팬에 올리브오일 2T를 두르고, 가지와 주키니를 노릇하게 구운 후 따
로 빼놓습니다.
같은 팬에 올리브오일 2T를 추가하고, 양파와 마늘을 볶아 향을 낸 뒤 채
소 코인 육수와 잡곡밥을 넣고 3~5분간 끓입니다.
끓이면서 소금·후추로 간을 맞춰 라따뚜이 베이스를 만듭니다.

3. 졸이기

라따뚜이 베이스가 들어있는 팬에 토마토, 파프리카, 구운 가지와 주키니, 올리브를 순서대로 넣고 부드럽게 섞습니다.
뚜껑을 덮고 약불에서 10분간 졸여 채소의 식감과 풍미가 어우러지도록 합니다.

4. 완성하기

만약 수분이 남아 있다면 살짝 더 졸여 농도를 맞추고, 엑스트라 버진 올리브 오일 1T를 두릅니다.
미니 바질과 그릭요거트를 곁들여 마무리합니다.

Harmony of the Glass

Domaine Chermette Viognier "En Fay"

도멘 셰르메트 비오니에 "엉 페"(프랑스 / Beaujolais)

첫 모금에서 피어오르는 복숭아와 살구의 향은 마치 오븐에서 막 구워낸 가지와 주키니의 따스한 단향과 맞닿습니다. 와인의 섬세한 질감과 낮은 산미는 라따뚜이의 부드럽고 달큰한 구조를 깨뜨리지 않으면서, 채소 속 자연스러운 당분과 올리브오일의 고소함을 한 호흡으로 이어줍니다.

Querciabella "Turpino" Toscana Rosso IGT
꿰르챠벨라 "투르피노" 토스카나 로쏘 IGT(이탈리아 / Toscana)

이 와인은 제가 '와인바킥'에서도 늘 추천하는 개인적으로 깊은 애정을 가진 와인 입니다.

까베르네 프랑Cabernet Franc, 메를로Merlot 그리고 시라Syrah로 이루어진 유기농Organic 블렌딩은 각 품종의 개성이 조화롭게 맞물리며 복합적인 구조를 만들어 냅니다.

첫 향부터 부드럽게 피어오르는 크리미한 베리향이 코끝을 감싸고, 시간이 지나며 흙과 허브의 뉘앙스가 차분히 드러납니다.

라따뚜이의 구운 채소와 올리브오일의 고소한 결이 이 와인의 따뜻한 질감과 만나면 맛의 균형이 마치 오랜 시간에 걸쳐 완성된 듯 자연스럽게 이어지죠.

AGED FLOUNDER WITH SPICY SOY SAUCE

소금으로 숙성한 광어와 매콤 간장 드레싱

RITUAL OF THE DAY

소금으로 숙성한 한 점의 깊이, 발효의 산미와 향긋한 들기름이 만나 식사의 감각이 차분히 깨어납니다. 천천히 즐길수록, 미각은 섬세해집니다.

INGREDIENT

(1인 기준)

숙성 광어

광어회 100g, 플뢰르 드 셀 또는 천일염 1/2t

매콤 간장 드레싱

청양고추 1T, 대파 흰 부분 2T, 마늘 1T, 무 50g

· 블렌더에 잘 갈릴 수 있을 정도로 적당히 썰어주세요.

라임 1개(주스 + 제스트), 타마리 간장 50g, 화이트 발사믹 식초 50g, 팜슈가 1.5T

묵은지 요거트

그릭요거트(무가당) 100g, 묵은지 50g(다진 후 씻어서 물기 가볍게 짜기), 쪽파 녹색

부분 3T(다지기), 레몬즙(선택)

마무리

들기름 1T, 레디시 30g(얇게 슬라이

스한 뒤 찬물에 담갔다 물기 제거)

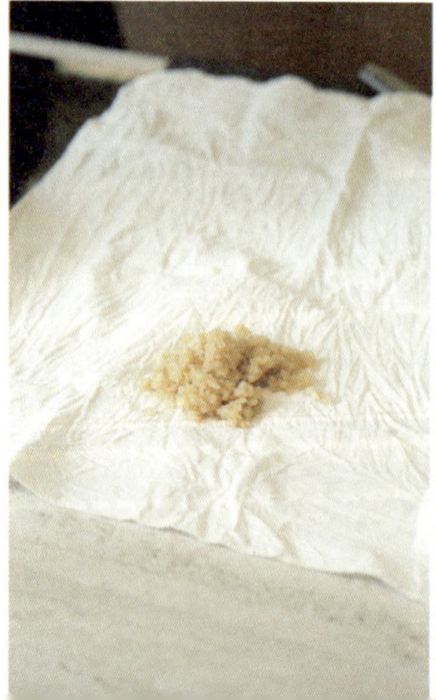

RECIPE

1. 광어 숙성

광어에 소금을 고루 뿌린 뒤 키친 타월로 감싸 10분간 숙성한 뒤,
수분을 제거해 감칠맛을 끌어냅니다.

2. 드레싱

블렌더에 매콤 간장 드레싱 재료를 모두 넣고 곱게 갈아줍니다.
체에 걸러 냉장 보관합니다.

3. 묵은지 요거트

볼에 묵은지 요거트 재료를 모두 넣고 섞습니다.

산미를 더하고 싶다면 레몬즙을 약간 넣어도 좋습니다.

4. 완성하기

접시에 요거트 베이스를 깔고 슬라이스한 레디쉬와 숙성 광어를 올립니다.
간장 드레싱을 가볍게 끼얹고, 들기름을 한 방울 떨어뜨려 마무리합니다.

Harmony
of the Glass

"Dareum Oreum"
다른오름 양조장 (약주) 다른오름 18.6도(대한민국 / Jeonju)

이 메뉴에 처음 어울린다고 생각한 술은, 다른오름 18.6도였습니다. 발효와 숙성의 깊이에서 오는 곡물의 은은한 향, 그 조용한 울림이 이 접시와 자연스럽게 이어졌죠.

소금에 살짝 숙성된 광어를 입에 넣으면 담백한 감칠맛이 먼저 다가오고 곧이어 묵은지 요거트의 발효된 산미가 미세하게 퍼지며, 마지막엔 들기름 한 방울이 고요하게 여운을 남깁니다. 그리고 바로 그 순간, 이 술의 조용한 자신감이 빛을 냅니다.

입안에서 이어지는 마리아주는 은근한 곡물 향과 부드러운 산도, 마치 시간이 천천히 흐르는 듯한 편안하고 감각적인 한 모금의 리듬을 만들어 줍니다. 화려한 대조보다는 섬세한 이어짐, 산미와 산미, 발효와 발효가 겹겹이

포개지며 입안에서 하나의 구조를 이루는 느낌.

조용히, 하지만 분명하게. 음식의 결을 따라 천천히 걷는 듯한 술. 이 접시엔, 그런 술이 필요했습니다.

FERMENTED MISO SALMON WITH RYE CRUMBLE

된장에 숙성한 연어와 호밀 크럼블

RITUAL OF THE DAY

된장의 깊은 풍미가 연어를 감싸고, 갓 볶은 호밀의 바삭함과 고소함이 가득 스며듭니다.
한 입 베어 무는 순간 입안이 천천히 깨어납니다.

INGREDIENT

(1인 기준)

연어 마리네이드

생연어 300g, 저염 된장 2T, 팜슈가 1T, 미림 1T

호밀 크런치

호밀 빵가루 60g, 엑스트라 버진 올리브오일 3T

· 빵가루는 호밀빵을 갈아서 사용하거나, 시중에 호밀 빵가루를 구매해도 됩니다.

추가 재료

생 와사비(선택)

RECIPE

1. 연어 마리네이드

연어는 껍질을 제거하고, 키친 타월로 물기를 닦습니다.

그릇에 담은 뒤 된장, 팜슈가, 미림을 섞어 마리네이드 소스를 만들어 연어 겉면에 고르게 발라줍니다.

그릇을 랩에 감싸 냉장고에서 1시간 숙성시킵니다.

· 과숙성 시 지나치게 짜거나 질감이 무를 수 있으니 1시간 이내를 추천합니다.

2. 호밀 크런치

팬에 엑스트라 버진 올리브오일을 두르고 중불로 예열합니다.

호밀 빵가루를 넣고 골고루 볶아 노릇한 갈색이 나도록 익힙니다.

키친 타월 위에 넓게 펼쳐 여분의 오일을 제거해 식감을 바삭하게 합니다.

3. 완성하기

숙성된 연어는 겉면의 된장을 살짝 닦아 접시 위에 올립니다.

호밀 크럼블을 연어 위에 고르게 얹어 0.5cm 두께로 슬라이스 합니다.

취향에 따라 생 와사비를 곁들여도 좋습니다.

Harmony of the Glass

Daou Chardonnay

다우 샤도네이(미국 / California, Paso Robles)

된장에 살짝 숙성된 연어는 짠맛보다는 발효의 감칠맛이 먼저 다가옵니다. 그 위에 바삭하게 볶아낸 호밀 크럼블이 고소한 식감을 더하며, 입안에 천천히 스며듭니다.

이때, 다우 샤도네이의 부드러운 질감과 은은하게 깔린 바닐라와 오크, 그리고 그 안에 숨겨진 미네랄의 직선적인 터치가 접시의 흐름을 정리하듯 자연스럽게 어우러집니다.

날카롭지 않은 산미는 연어의 오일리한 질감과 된장의 구수함, 호밀의 볶은 향까지 고르게 감싸며 음식의 속도에 맞춰 조용히 걸음을 맞춥니다.

한 입, 한 모금. 그 사이를 서두르지 않고, 감각적으로 연결해 주는 것. 그게 바로 이 와인과 이 메뉴가 함께 있는 이유입니다.

CIELO
TIERRA

SWEET SHRIMP CARPACCIO

단새우 카르파치오와 올리브 드레싱

RITUAL OF THE DAY

오늘의 속도를 늦추는 가장 건강한 한 입.
자연이 전하는 단새우의 부드러운 영양에 올리브의 항산화 풍미와 라임의 산뜻함이
어우러집니다. 천천히 씹고, 깊이 느끼는 이 순간이 우리의 몸을 부드럽게 회복시켜
줍니다.

INGREDIENT

(2인 기준)

단새우 숙성

사시미용 냉동 단새우 75g, 다시마 2장(4x6cm 정도), 소금 1/3t

올리브 드레싱

그린 올리브 1T, 블랙 올리브 1T, 케이퍼 1T, 홍고추 1t – 다지기

시소 잎 3g(채 썰기), 라임 주스 1T, 엑스트라 버진 올리브오일 3T,

소금·후추 약간

· 취향에 따라 홍고추를 청양고추로 대체하거나, 추가해도 괜찮습니다.

선택 토핑

라임제스트, 마이크로그린

 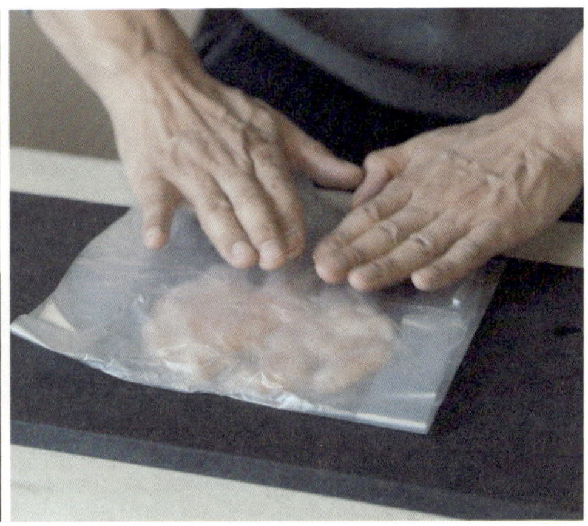

1. 단새우 마리네이드

단새우는 차가운 물에 해동한 후 표면의 수분을 키친타월로 가볍게 제거
합니다.

소금을 고루 뿌린 다음 다시마로 감싸 냉장고에서 20분간 숙성시켜 단맛
과 감칠맛을 끌어올립니다.

숙성된 단새우는 비닐을 덮고 눌러 납작하게 만듭니다.

· 너무 오래 숙성하면 수분이 빠져나가면서 특유의 탱글한 질감도 사라집니다.

2. 올리브 드레싱 만들기

볼에 손질된 올리브와 케이퍼, 고추, 시소 잎을 담고 라임 주스와
올리브오일을 넣어 섞은 다음 소금·후추로 간을 합니다.

3. 완성하기

단새우를 접시에 담고, 올리브 드레싱을 고르게 끼얹습니다.

원한다면 라임 제스트나 마이크로그린으로 마무리해도 좋습니다.

Harmony
of the Glass

Goutte Blanche Chardonnay

구뜨 블랑슈 샤르도네(프랑스 / Vin de France)

향긋한 올리브 드레싱을 머금은 단새우 한 점, 바다의 달큰한 질감이 입안에 부드럽게 퍼질 때 구뜨 블랑슈 샤르도네의 깨끗한 산미와 은은한 견과류의 여운이 그 순간을 조용히 채워줍니다.

이 와인은 강한 개성보다는 단아하고 절제된 인상으로 단새우의 섬세한 감칠맛, 올리브의 짭조름한 항산화 풍미를 자연스럽게 이어주는 역할을 합니다. 라임의 산뜻함과 시소의 허브 향, 올리브오일의 둥글고 고소한 질감이 샤르도네의 미네랄 구조 안에서 차분하게 안착됩니다. 이 페어링에는 무언가를 더하기보다 이미 존재하는 맛의 결을 깨워주는 섬세한 조율이 담겨 있습니다.

퇴근 후, 조용한 나를 위한 한 잔. 속도를 조금 늦추고 싶은 날, 가장 먼저 손이 가는 와인입니다.

Chef's Essay 7

저에게 올리브오일은 단순한 '기름'이 아닙니다. 그 한 방울에는 어떤 식재료를 선택할 것인지, 어떤 삶을 지향할 것인지에 대한 질문이 담겨 있습니다. 가공되지 않은 재료의 힘, 다채로운 식물성 영양소, 지구를 덜 해치고도 만족스러운 맛을 낼 수 있다는 믿음. 이 모든 것이 좋은 엑스트라 버진 올리브오일 한 방울에 고스란히 농축되어 있다고 느낍니다.

앞에서 말씀드렸듯 요리를 배우던 그 시절에 저는 언제나 더하고 쌓는 데 집중했죠. 그러다 팬데믹 시기, 뜻밖의 경험이 저를 멈춰 세웠습니다.

어느 날, 예술가, 건축가 친구들과의 소박한 저녁 자리가 있었습니다. 셰프도 아닌 한 친구가 차려낸 식사는 놀라움 그 자체였습니다. 간결하고 절제된 플레이팅에 좋은 올리브오일 한 바퀴, 저염 간장과 식초 한 방울 정도가 전부였지만, 그 무엇보다 조화롭고 특별한 맛이었습니다.

그 자리에서 나눈 대화의 중심은 올리브오일이었습니다. 어디서 왔고, 어떻게 짰고, 어떤 품종이며, 어떤 요리에 어울리는지… 그때 처음으로 깨달았습니다. 제가 '매일 쓰던' 올리브오일에 대해, 놀랍도록 아무것도 모르고 있었다는 것을요.

그날 이후 저는 다양한 품종의 올리브오일을 테이스팅하고, 같은 품종이라도 생산자와 기후, 시기에 따라 달라지는 맛을 기록하기 시작했습니다.

좋은 재료 하나를 깊이 이해하는 일이야말로 요리라는 세계를 넓히는 일이라는 것을 알게 되었습니다.

만약 이 책을 읽는 독자분들도 올리브오일의 세계에 조금 더 깊이 들어가 보고 싶다면, 같은 품종이지만 생산자가 다른 올리브오일을 세 가지 정도 구입해 테이스팅 해보는 것을 추천하고 싶습니다. 같은 지역, 같은 품종의 오일이라도 생산자에 따라 뉘앙스가 다릅니다. 이를 같은 요리에 사용해 보며 맛과 향의 차이를 느껴보면 자신의 맛을 찾아가는 더할 나위 없는 여정이 됩니다.

제가 선호하는 올리브오일은 '피쿠알Picual'인데요, 스페인 하엔Jaén 지역의 대표 품종으로, 짙은 향과 산미, 그리고 혀끝에 남는 미묘한 매운맛이 특징입니다. 이 책에 담긴 채소 요리, 콩 요리, 통곡물 레시피에 특히 잘 어울립니다.

많은 이들이 올리브오일은 볶음이나 고온 조리에 적합하지 않다고 생각하지만, 발연점이 200℃ 이상인 제품도 있습니다. 다만 폴리페놀과 향미 성분이 고온에서 쉽게 파괴되기 때문에 가능하면 조리 마지막 단계에 사용하거나 드레싱, 마무리용으로 사용하는 걸 추천합니다.

무엇보다도 기억해야 할 것은 올리브오일 역시 해마다 맛이 달라질 수 있다는 사실입니다. 같은 나무, 같은 품종이라 해도 기후와 토양, 태양의 리듬이 다르면 맛도 달라지죠. 어제와 같지 않은 자연의 흐름을 인정하고, 그 변화까지 받아들이는 것, 저는 그것이 진짜 미식이고, 지속 가능한 요리인의 태도라고 믿습니다. 올리브오일을 단순히 '건강한 기름'이 아니라 자연과 계절을 받아들이는 언어로 대하는 것. 그것이 제가 이 책을 통해 전하고 싶은 이야기이기도 합니다.

연어와 고구마, 부라타치즈의 균형

RITUAL OF THE DAY

한 겹, 한 겹 차곡차곡.
이 한 접시는, 당신의 하루를 천천히 다시 써 내려가는 시작입니다.

INGREDIENT

(2인 기준)

저온 조리 연어

생연어 150g, 타임 또는 딜 1~2줄기, 엑스트라 버진 올리브오일 1T,
레몬 제스트·소금·후추 약간

고구마 라운드

고구마 300g(1cm 두께로 슬라이스), 엑스트라 버진 올리브오일 1.5T,
훈제 파프리카 가루 ½t, 소금 약간

부라타 층

부라타치즈 100g, 바질잎 약간, 통후추(굵게 갈기)

· 바질잎은 다양한 마이크로그린으로 대체해도 괜찮습니다.

허브 오일

엑스트라 버진 올리브오일 2T, 다진 파슬리 1T, 레몬 제스트 1t

RECIPE

1. 고구마 라운드

오븐을 200℃로 예열합니다.

슬라이스한 고구마에 올리브오일과 훈제 파프리카 가루, 소금을 살짝

뿌려 20분간 구워주세요.

· 중간에 한 번 뒤집으면 더 노릇하게 구울 수 있습니다.

2. 연어 저온 조리

연어는 소금·후추·허브로 시즈닝하고 65℃에서 20분 수비드 하거나,

120℃로 예열한 오븐에서 15분간 굽습니다.

조리된 연어는 식힌 후 큼직하게 잘라둡니다.

3. 허브 오일

볼에 허브 오일 재료를 모두 넣고
잘 섞어 향을 우려냅니다.

4. 완성하기

접시에 먼저 구운 고구마를 담고 그
위에 연어와 부라타치즈를 올립니다.
허브 오일을 넉넉히 뿌려주세요.
바질이나 마이크로그린, 후추로 마무
리합니다.

RITUAL OF THE DAY

빠름이 일상이 되어버린 세상에서, 이 한 접시는 잠시 멈춤을 허락합니다.
부드럽고 고요한 풍미가 마음의 속도를 낮춥니다.

호두와
고트치즈
비트 라비올리

INVISIBLE BEET RAVIOLI

얇고 투명한 비트 안에,
하루의 리듬을 천천히 되돌리는 식물성 식사

INGREDIENT

(2인 기준)

비트 라비올리

비트 150g(껍질 제거), 소금 1t

필링

고트 치즈 100g, 호두 20g(잘게 다지기), 꿀 1t, 쪽파 녹색 부분 5g(다지기),
후추 1/3t

비네그레트 드레싱

엑스트라 버진 올리브오일 3T, 화이트 발사믹 식초 1T, 레몬주스 1T,
홀그레인 머스터드 1t, 소금 1/3t

마무리 토핑

미니순 또는 어린 루꼴라, 으깬 호두, 미니 바질 잎 소량

RECIPE

1. 비트 준비하기

슬라이서를 사용해 비트를 종잇장처럼 얇게 슬라이스합니다.

소금을 가볍게 뿌리고 10분간 둡니다. 이렇게 하면 수분이 빠지고,

유연해집니다.

2. 필링 만들기

볼에 필링 재료를 넣고, 부드럽게

섞어 크리미하게 만듭니다.

3. 드레싱 만들기

볼에 비네그레트 드레싱 재료를 넣고 잘 섞습니다.

4. 라비올리 만들기

비트 조각을 키친 타월로 닦아 수분을 제거합니다.

비트 조각 위에 필링 1t를 올립니다.

다른 비트 조각을 반 정도만 겹치게 올린 후 다시 필링을 올립니다. 한 줄로 가지런히 놓습니다.

5. 완성하기

비트 조각에 드레싱을 가볍게 뿌린 뒤,

미니순 또는 어린 루꼴라, 으깬 호두, 미니 바질로 마무리합니다.

SOUS-VIDE CHICKEN WITH PEACH-MINT DRESSING

복숭아
민트 드레싱
수비드
닭가슴살

RITUAL OF THE DAY

기분 좋은 무게감과 가벼운 향기.
이 한 접시는 당신의 점심을 천천히 그리고 온전히 돌아보는 시간으로 바꿔줍니다."

INGREDIENT

(1인 기준)

수비드 닭가슴살

닭가슴살 150g, 엑스트라 버진 올리브오일 1T, 타임 3줄기, 소금·후추

구운 채소

브로콜리니 100g, 엑스트라 버진 올리브오일 2T, 타임 3줄기, 소금·후추 약간

드레싱

복숭아 150g(껍질 제거 후 깍둑 썰기), 민트 잎 10g(잘게 다지기), 꿀 2T,

화이트 발사믹 식초 2T, 엑스트라 버진 올리브오일 5T,

라임주스 & 제스트 각각 1T, 소금·후추 약간

추가 토핑

아보카도 100g(깍둑 썰기), 페타 치즈 20g, 피스타치오 20g

RECIPE

1. 닭가슴살 수비드

지퍼백에 닭가슴살, 엑스트라 버진 올리브오일, 소금, 후추, 타임을 넣고 60도 수비드로 1시간 조리합니다.

완성 후 팬에 올리브오일 2T 넣고 껍질 쪽을 바삭하게 구운 뒤, 먹기 좋은 크기로 썰어주세요.

· 수비드 머신이 없다면, 찜기로도 충분합니다. 찜기에 물을 넣고 김이 오르기 시작하면 불을 약하게 줄입니다. 닭가슴살에 엑스트라 버진 올리브오일, 소금, 후추, 허브를 올린 뒤 뚜껑을 덮고 약 15분간 찝니다. 단백질이 단단해지지 않고, 속까지 부드럽게 익어 수비드와 같은 촉촉한 식감이 완성됩니다.

2. 드레싱

블렌더에 엑스트라 버진 올리브오일을 제외한 드레싱 재료를 모두 넣고 곱
게 갈아줍니다.

엑스트라 버진 올리브오일을 천천히 부어가며 잘 유화되도록 섞습니다.

3. 브로콜리니 굽기

닭가슴살을 구운 팬에 브로콜
리니를 넣고 소금, 후추, 타임
을 뿌려 중불에서 2분만 조리
해 주세요.

4. 완성하기

접시에 브로콜리니와 닭가슴살을 담아 주세요.

복숭아 드레싱을 넉넉히 끼얹어 주세요.

아보카도, 페타치즈, 피스타치오를 올려 마무리합니다.

Chef's Essay 8

　세상에는 수많은 셰프들이 있고, 그들마다 음식과 식재료를 대하는 관점도 조금씩 다릅니다. 세세하게 들어가면 끝이 없지만, 크게 보면 두 갈래로 나눌 수 있을 것 같습니다. 하나는 재료 본연의 맛을 최대한 살리는 쪽, 또 하나는 조미료를 비롯한 가공품을 쓰더라도 '맛있으면 그만'이라는 입장이죠. 저는 양쪽 모두를 존중합니다. 다만, 제가 추구하는 방향은 그 둘과는 조금 다릅니다.

　몇 해 전부터 제가 주목하고 있는 플랫폼이 하나 있습니다. 세계 50대 레스토랑 순위에서 5차례나 1위를 기록한 '노마Noma'를 이끌고 있는, 르네 레드제피René Redzepi 셰프와 그의 팀이 만든 MAD입니다. 'MAD'는 덴마크어로 '음식'을 뜻하며, 동시에 영어로는 '미친'이라는 의미도 담고 있어 기존의 관념을 깬다는 철학이 반영되어 있죠. MAD는 2011년에 시작돼 어느덧 15년 가까이 흐른 지금까지 매해 굵직한 주제를 선정해 TED 형식의 국제 컨퍼런스를 이어오고 있습니다.

　르네 레드제피는 셰프의 역할을 단순히 미식을 탐구하고 소개하는 데 그치지 않고, 사회, 환경, 교육, 노동, 윤리 문제까지 함께 책임져야 한다고 믿었습니다.

"셰프는 단지 맛있는 음식을 만드는 사람을 넘어, 문화를 만들고 생태계를 돌보며, 사람을 책임지는 위치에 있어야 한다."

르네 레드제피가 한 말입니다. 그는 Noma를 통해 '무엇을 먹을 것인가'를 혁신했고, MAD를 통해 '왜 먹는가, 어떻게 함께 살아갈 것인가'를 끊임없이 묻고 있습니다. 저 역시 MAD를 접하면서 요리와 음식을 대하는 관점이 조금씩 바뀌기 시작했습니다. '요리가 세상을 이롭게 할 수 있을까?' 라는 물음이 처음엔 낯설게 느껴졌지만, 지금은 그 가능성을 조금씩 믿게 되었습니다.

『Eat Slow, Age Slow』를 준비하게 된 것도 같은 맥락입니다. 단순히 건강한 요리를 소개하려는 시도를 넘어 더 나은 라이프스타일을 제안하고, 음식과 삶을 연결하는 이야기들을 전하고 싶었습니다. 음식은 나를 위한 것이면서, 동시에 누군가를 위한 것이기도 합니다. 그 누군가는 내 가족일 수도, 식당의 손님일 수도, 화면 너머에서 나의 레시피를 지켜보는 누군가일 수도 있습니다. 그런 의미에서 셰프는 단지 주방에 미무는 사람이 아니라 맛과 기억, 건강과 철학을 잇는 사람이라고 저는 믿습니다.

나를 먼저 돌보는 식사

MAD가 제게 던져준 또 하나의 질문이 있습니다.

'당신은 다른 사람의 식사를 책임지면서, 정작 스스로는 잘 돌보고 있나요?'

이 화두는 제 마음에 깊게 박혔습니다. 셰프로서 좋은 음식을 만들기 위해 살아온 지난 시간을 돌아보며 정작 나는 좋은 삶을 살고 있는가, 건강한 일상을 유지하고 있는지 돌아보게 되었습니다. 요리를 업으로 삼은 사람이라면 누구나 한 번쯤 자신에게 물어야 할 내용이기도 합니다. 이런 생각 끝에, 제가 운영하는 와인바 킥에서는 다음과 같은 실험을 시작했습니다. 매주 월요일과 화요일은 쉬는 날로 정하고, 매달 첫째 주는 일·월·화 3일간 영업을 쉬기로 한 것입니다.

셰프인 저뿐 아니라 함께 일하는 직원들도 충분한 휴식과 충전의 시간을 갖는 것이 중요하다고 믿기 때문입니다. 장기적으로는 주 4일 근무를 목표로 하고 있습니다. 왜냐하면, 내가 건강한 삶을 살지 못한다면 누구에게도 좋은 음식을 만들어 줄 수 없기 때문입니다. 이 질문은 셰프에게만 해당되는 것이 아닙니다.

서비스업에 종사하는 사람, 자영업자, 직장인, 프리랜서 등 누구에게나 마찬가지입니다. 바쁜 일상 속에서 우리는 얼마나 자주 스스로를 돌보는 식사를 하고 있을까요? 몸에 좋은 걸 먹는 것만으로 충분하지 않습니다. 지금 내가 먹고 있는 음식이 나를 회복시키는지, 아니면 오히려 지치게 만드는지 한 번쯤 돌아보는 일이 더 중요하다고 생각합니다. 어쩌면 우리의 식탁은 가장 일상적인 돌봄의 공간일지도 모릅니다. 식사는 단순히 배를 채우는 일이 아니라, 스스로를 어떻게 대접할지에 대한 선택이기도 하니까요. 그래서 이 책에 담긴 음식들은 단순한 '건강식' 그 이상입니다. 나를 위한 식사, 그리고 나를 잘 돌보기 위한 작은 실천의 시작이 되기를 바랍니다.

CHAPTER 3

저녁의 철학

Slow Dinner

속을 편안하게 정리하고,
수면의 질을 방해하지 않는 저속노화 저녁 레시피.
소화가 쉬우면서도 영양소가 살아있는
발효 · 채소 · 단백질의 저온 조리 중심으로 구성됩니다.

Bowls

"저녁, 가볍고 균형 있게"

Chef's Essay 9

저속노화 레시피와
다이어트에 대하여

가끔 주변 사람들로부터 "관리를 어떻게 하세요?"라는 질문을 받곤 합니다. 아마도 많은 셰프들이 시간이 지날수록 체형이 무너지거나 건강을 헤치는 경우가 많기 때문이겠죠. 저 역시 겉보기에는 일정한 몸 상태를 유지하고 있는 것처럼 보이지만, 이 과정에는 나름의 시행착오와 전환점들이 있었습니다.

한때는 소위 '마른 비만' 상태였고, 극단적인 방법을 시도해본 적도 있었죠. 셰프라는 직업은 매일 새로운 요리를 연구하고, 수없이 맛을 보며 레시피를 다듬어야 합니다. 그렇다 보니 식사량을 아무리 조절해도 조리 중 입으로 들어가는 음식까지 통제하기란 쉽지 않습니다.

그래서 예전에는 메뉴 테이스팅이 많은 날엔 탄수화물을 끊거나, 아예 식사를 거르기도 했습니다. 하지만 그런 방식은 오래가지 못합니다. 에너지가 고갈되고 어느 순간 폭식으로 이어지는 악순환이 반복되죠.

그 전환점이 바로 저속노화 식단이었습니다. '굶지 않고 잘 먹는 방식'을 중심에 두면서, 내 몸은 점차 제자리를 찾기 시작했습니다. 내적인 건강은 물론, 체지방과 근육량, 전반적인 대사 리듬까지 균형을 회복했죠.

무리하지 않고 꾸준히 실천 가능한 식사. 바로 그것이 지속 가능한 식단이며, 결국 몸이 스스로 반응하게 만드는 길입니다. 과한 노력이나 단기 목표가 아니라 매일의 작은 선택들이 쌓여 만들어지는 변화야 말로 진정한 다이어트입니다.

이 책에서 소개하는 레시피들도 그런 철학을 바탕으로 구성되어 있습니다. 단순히 칼로리를 낮추는 대신, 혈당을 천천히 올리는 저당지수(GI) 식재료를 사용하고, 식이섬유와 단백질의 균형을 맞추어 포만감은 높이고 소화 부담은 줄였습니다.

또한 올리브오일, 아보카도, 견과류 같은 건강한 지방(불포화지방산)을 적극 활용해, 식후 혈당의 급격한 상승을 막고 인슐린 민감도를 유지할 수 있도록 설계했습니다.

무엇보다 이 레시피들은 만들기 쉽고, 스트레스를 유발하지 않으면서도 맛이나 포만감의 측면에서 충분히 만족스럽습니다. 많은 사람이 다이어트에 실패하는 이유는 배고픔 때문이 아니라, 음식을 먹을 때마다 '의지력'을 소모하게 되는 환경 때문입니다. 저는 먹는 행위가 의지의 시험이 아니라, 감각의 기쁨이 되기를 바랍니다.

개인적으로는, 이 책의 구성만 따라도 '배고프지 않으면서도 가벼워지는' 경험을 할 수 있으리라 생각합니다. 자극적인 음식에서 자연스럽게 멀어지고, 내 몸이 진짜 좋아하는 음식에 귀를 기울이게 되면 체중 감량은 결과로 따라옵니다.

사실 저속노화 레시피는 전형적인 다이어트 식단이라기보다는, 신진대사의 균형을 회복시키는 식사법에 가깝습니다. 그 리듬이 회복되면 체중 역시 자연스럽게 조절됩니다. 렙틴Leptin, 그렐린Ghrelin 같은 호르몬의 분비가 안정화되면서 식욕과 포만감의 감각도 다시 본래의 패턴을 되찾기 때문입니다.

그래서 저는 다이어트를 시작하는 분들께 이런 말씀을 꼭 드리고 싶습니다. 지금 당장의 체중보다 중요한 건 '내 몸이 편안함을 느끼는 식사'가 무엇인지를 아는 것입니다. 그리고 어떤 리듬에서 가장 활력이 살아나는지를 발견하는 것.

이 책의 레시피들과 함께 그 답을 찾아보시길 바랍니다. 다이어트는 결국, 몸과 감각을 되찾는 과정입니다. 그리고 저속노화 식단은, 그런 변화의 좋은 출발점이 되어줄 것입니다.

AIRES
aceite de oliva
virgen extra
extra virgin olive oil
500ml
FINCA·BADENES
EXTRA VIRGIN
COSECHA PROPIA
ACEITE DE OLIVA
VIRGEN EXTRA
Variedad picual
ESPAÑA ·500ml
RECOLECCIÓN TEMPRANA
FINCA·BADENES
EXTRA VIRGIN
COSECHA PROPIA
ACEITE DE OLIVA
VIRGEN EXTRA
PRODUCTO DE ESPAÑA ·500ml
RECOLECCIÓN TEMPRANA
CIELO
TIERRA
CIELO
TIERRA
bio
ARBOR SE
EVOO
ARBOR SENIUM
ACEITE DE OLIVA
VIRGEN EXTRA
century-old olive trees
500 ML

Chef's Essay 10

다이어트를 떠올리면 대부분 '무엇을 먹을 것인가'에 집중합니다. 하지만 '언제', '얼마나' 먹는가 또한 그에 못지않게 중요합니다. 그래서 저는 이 책의 레시피를 단순히 따라 하기보다는, 이 책을 통해 자신만의 식사 루틴을 함께 만들어 가보길 권합니다. 기본적인 레시피에 나만의 시간과 리듬을 더하다 보면, 식단은 단순히 따라 하는 것이 아니라 몸에 맞게 진화하는 방식이 됩니다.

이 책에는 총 50여 개의 레시피가 담겨 있습니다. 하루 두 끼 정도만 이 메뉴들로 구성해도 충분합니다. 그렇게 실천하다 보면 자연스럽게 자신에게 맞는 재료와 조리법을 알 수 있고, 어느 정도 먹었을 때 기분 좋은 포만감을 느끼게 되는지도 깨달을 수 있습니다. 그 과정에서 자연스럽게 여러분만의 '맞춤형 저속노화 식단'이 만들어질 것입니다.

특히 이 책에 실린 레시피들은 거의 모두 체중 감량과 노화 지연을 함께 고려하여 설계된 메뉴들입니다. 2주 정도만 꾸준히 실천한다면 몸의 흐름이 바뀌는 걸 조금씩 느끼게 될 것입니다.

식사의 타이밍과 구성

아침(7:00~9:00)
→ 혈당을 천천히 올리는 메뉴 중심

→ 예: 오트밀, 무가당 두유, 데친 채소, 반숙란 등

점심 또는 이른 저녁(12:00~18:00)
→ 단백질과 식이섬유 중심의 일품요리
→ 예: 구운 연어, 닭가슴살 스테이크, 퀴노아볼 등

정도를 추천하고 싶습니다. 극단적인 식사 제한은 일시적인 체중 감소는 가능할지 몰라도, 지속하기 어렵고 근육 손실이나 요요의 위험이 큽니다. 반면, 이 책의 메뉴는 맛과 포만감, 영양의 균형을 모두 고려했습니다. 무리 없이 실천할 수 있는 식단이야말로 몸이 오래도록 반응하는 방식입니다.

밤에 '입 터짐'을 막는 저속노화 루틴

많은 분들이 야식의 유혹 앞에서 무너집니다. 저 역시 그 유혹을 잘 알고 있습니다. 하지만 대부분 밤에 음식을 찾게 되는 이유는 진짜 배고픔이 아니라 습관에서 비롯됩니다. 야식 충동은 수면 호르몬인 멜라토닌이 줄고, 도파민 반응이 일어나며 심리적 허기를 사극하기 때문에 발생합니다.

그렇기에, 저는 다음과 같은 작고 현실적인 루틴들을 실천해 왔습니다.

① '진짜 배고픔'인지 점검하기
→ 입이 심심한 건지, 스트레스 때문에 먹는 건 아닌지 스스로에게 물어보세요.
→ 지루함과 감정 기복이 배고픔처럼 느껴질 때가 많습니다.

② 하루의 마무리 루틴 만들기
→ 저의 경우, 집에 들어오자마자 양치를 합니다.
→ 입 안을 정리하면 뇌는 식사가 끝났다고 인식합니다.
→ 족욕이나 스트레칭도 훌륭한 대체 루틴이 됩니다.

③ '아몬드 6알 + 무가당 차 한 잔'

→ 정말 허기가 느껴진다면, 포만감을 주면서도 부담이 적은 조합입니다.

→ 씹는 시간이 길고, 식이섬유와 지방이 심리적 안정감을 줍니다.

④ 이 책을 다시 펼쳐보기

→ 스스로의 초심을 되새기며, 식습관을 바꾸기로 했던 이유를 떠올려 보세요.

→ 몇 장만 다시 읽어도 마음이 몸보다 먼저 정리될 수 있습니다.

RITUAL OF THE DAY

연어와 허브, 그리고 자연의 당으로 완성한 균형
숙성 연어는 오메가-3 지방산이 풍부한 단백질 공급원으로, 염증을 줄이고 세포막의 유연성을 높이며, 몸의 밸런스를 회복하는 데 도움을 줍니다.
팜슈가는 자연에서 온 부드러운 당으로, 과도한 인슐린 반응 없이 에너지를 부드럽게 공급합니다. 여기에 더해진 고수, 민트, 라임은 소화를 촉진하고 활성산소를 억제하는 청량한 허브 조합으로, 맛과 기능을 동시에 충족합니다.

숙성 연어 허브 샐러드

AGED SALMON & AROMATIC HERB PLATE

INGREDIENT

(2인 기준)

연어 숙성

생연어 200g, 건다시마 10x10cm 1장

가니시

샬롯 30g, 청양고추 10g, 홍고추 10g, 미니 오이 60g – 슬라이스
방울토마토 60g(반으로 자르기), 고수 20g, 민트 잎 10g

드레싱

백미 2T, 라임 1개(즙·제스트 모두 사용), 팜슈가 1T, 다진 마늘 ½T,
백간장 2T, 페퍼크러시 ½T

RECIPE

1. 숙성연어

다시마는 물에 씻지 않고 마른 키친타월로 표면의 염분만 가볍게 닦아냅니다. 윤기 나는 면이 연어에 닿도록 감싸 냉장고에서 30분간 숙성하세요.

2. 드레싱 만들기

백미를 프라이팬에 바삭하게 볶습니다. 볶은 백미를 포함한 드레싱 재료를 블렌더에 넣은 후 곱게 갈아줍니다.

3. 연어 손질 및 채소 준비

숙성 연어를 한입 크기로 썰고 가니시 재료와 함께

믹싱볼에 담습니다.

4. 완성하기

드레싱을 연어와 채소 위에 조금씩 뿌려가면서
골고루 섞으면 완성입니다.

HEIRLOOM TOMATO SALAD
WITH YUZU & PROSCIUTTO

토마토와 유자&프로슈토 드레싱

RITUAL OF THE DAY

잘 익은 토마토의 리코펜, 유자의 산뜻한 산미, 프로슈토의 감칠맛이 조화를 이루어, 몸의 리듬을 조율하고 세포에 부담을 덜어줍니다.
미니 바질과 엑스트라 버진 올리브오일이 균형을 더한 이 한 접시는, 조용하지만 분명한 방식으로 지속 가능한 식사의 미래를 제안합니다.

INGREDIENT

(2인 기준)

잘 익은 토마토 300g(슬라이스 또는 웨지 형태)

유자 & 프로슈토 드레싱

프로슈토 또는 하몽 2T(약 2장), 샬롯 2t, 마늘 1t – 다지기

유자원액 2T, 엑스트라 버진 올리브오일 4T, 팜슈가 또는 꿀 1t

· 취향에 따라 고추 플레이크를 소량 넣어도 좋습니다.

토핑

미니 바질 10g, 파르미지아노레지아노 20g(얇게 슬라이스하거나 강판에 갈기), 엑스트라 버진 올리브오일 1T, 소금·후추 약간

RECIPE

1. 토마토 놓기

접시에 손질한 토마토를 놓습니다.

2. 드레싱

볼에 유자 원액을 비롯한 프로슈토 드레싱 재료를 모두 넣고 섞습니다.

3. 완성하기

토마토 주위에 미니 바질을 얹은 뒤, 드레싱을 고루 뿌립니다.

파르미지아노레지아노를 올립니다.

소금과 후추로 간을 조절하고, 올리브오일을 살짝 뿌려 마무리합니다.

RITUAL OF THE DAY

바다의 깊은 풍미와 허브의 산뜻함이 만나는 한 접시.
고등어의 건강한 지방과 지중해식 비네그레트의 조화는 지속 가능하고 영양 가득한 식
탁을 위한 균형 잡힌 선택입니다

케이퍼 허브
비네그레트
고등어구이

**GRILLED MACKEREL
WITH CAPER & HERB VINAIGRETTE**

INGREDIENT

(1-2인 기준)

고등어구이

순살 고등어 200g, 엑스트라 버진 올리브오일 3T, 소금 1/3T, 후추 약간

케이퍼 & 허브 비네그레트

샬롯 또는 레드 어니언 2T, 이탈리안 파슬리 1T, 케이퍼 1.5T - 다지기

엑스트라 버진 올리브오일 5T, 홀그레인 머스터드 1t, 꿀 1t, 레몬즙 2T,

레몬제스트·소금·후추 약간

· 소금의 양은 케이퍼의 염도에 따라 조절하세요.

추가 선택

레몬 슬라이스 또는 마이크로그린

RECIPE

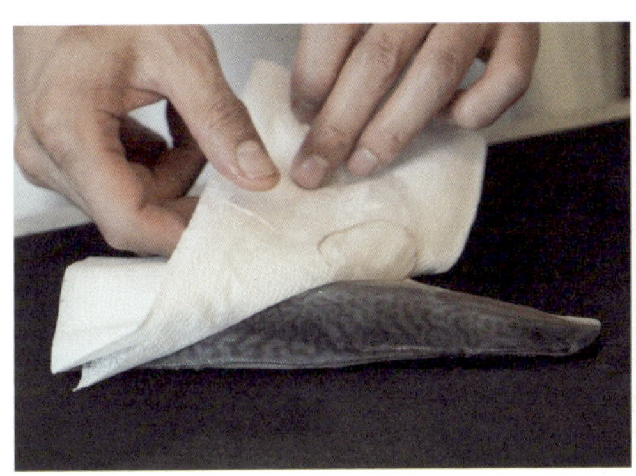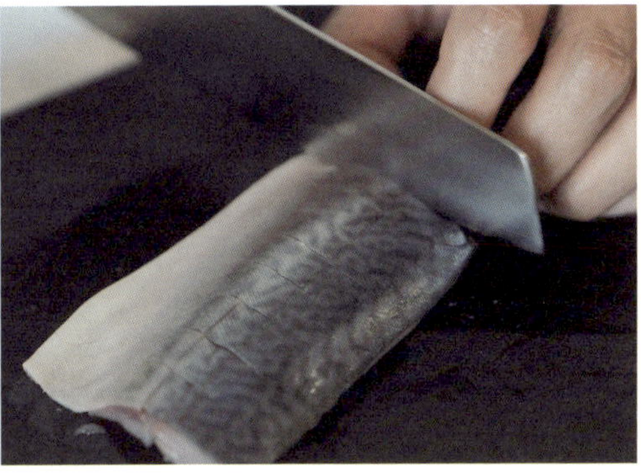

1. 고등어 굽기

고등어는 키친 타월로 물기를 제거하고 껍질에 칼집을 살짝 내줍니다.

팬에 올리브오일을 두르고 중불에서 껍질이 바삭해질 때까지 굽습니다.

마무리로 소금과 후추를 뿌려 간을 합니다.

2. 비네그레트

믹싱볼에 소금과 올리브오일을 제외한 나머지 비네그레트 재료를
넣고 섞습니다.
마지막으로 올리브오일을 천천히 부으며 유화되도록 저어줍니다.
간을 보면서 소금 양을 적절히 조절합니다.

3. 완성하기

접시에 고등어를 올리고, 케이퍼 허브 비네그레트을 넉넉히 끼얹습니다.
원한다면 가볍게 구운 레몬 슬라이스나 마이크로그린을 추가해도 좋습
니다.

Harmony of the Glass

Chavost, Blanc d'Assemblage Brut Nature

샤보스트, 블랑 다썽블라주 브뤼 나뚜르(프랑스 / Champagne)

껍질이 바삭하게 구워진 고등어 한 점. 그 위로 케이퍼, 레몬, 머스터드, 그리고 신선한 허브가 어우러진 비네그레트가 짭조름하면서도 산뜻한 여운을 남깁니다.

그 순간, 샤보스트 블랑 다썽블라주의 미세한 기포가 입 안을 조용히 깨우듯 올라옵니다.

청량한 산미와 은은한 미네랄 그리고 섬세한 시트러스 향이 고등어의 깊은 지방감을 정돈하며 케이퍼와 허브의 리듬을 더 또렷하게 만들어주죠.

샤보스트는 향의 복잡함을 내세우기보다, 입안의 텍스처와 속도를 섬세하게 조절해주는 와인입니다. 크리스피한 껍질, 엑스트라 버진 올리브오일의 푸릇한 풍미, 허브의 향긋함을 부드럽게 한 줄로 엮어줍니다. 짠맛과 산미가 반복되는 이 접시 위에 샤보스트는 조용하지만 확실한 중심축이 되어줍니다. 그리고 그 위에 가볍게 얹히는 한 잔의 기포. 존재만으로도, 충분히 행복해지는 한 잔. 그런 샴페인과의 페어링입니다.

OCTOPUS TACO IN PARMESAN SHELL WITH AVOCADO

파마산치즈 쉘 문어 타코

RITUAL OF THE DAY

느리게 씹고, 오래 기억되는 바다의 미감.
치즈의 고소함, 문어의 쫄깃함, 아보카도의 크리미함이 한 입 안에서 차분한 깊이를 만듭니다.
식사의 속도는 천천히, 만족감은 오래. 정제된 탄수화물 없이도 충분히 풍요로운 저속노화 타코입니다.

INGREDIENT

(2인 기준)

베이스

삶은 문어 다리 150g(슬라이스), 아보카도 100g(큐브 형태), 마늘 10g(슬라이스), 훈제 파프리카 가루 1/2t, 엑스트라 버진 올리브오일 1T, 라임주스 1/2T, 라임 제스트 1T

파마산 타코 쉘

파마산치즈 100g(강판에 갈기), 후추 약간, 쉘 성형용 재료(유산지 또는 실리콘 매트, 원형틀, 밀대 또는 둥근 병)

추가 선택

마이크로그린 또는 바질 잎

RECIPE

1. 쉘

180℃로 오븐을 예열합니다.

유산지에 원형틀을 올리고 파마산치즈를

25g씩 부어 얇게 펴줍니다.

5~6분간 굽습니다. 황금색이 되면 꺼내 밀

대를 위에 놓고 구부려 쉘 형태로 식힙니다.

· 이때 유산지 자체를 꺼내 밀대 위에 놓습니다.

· 충분히 식혀야 유산지에서 떼어내도 형태가 유지됩니다.

2. 속재료 만들기

팬에 엑스트라 버진 올리브오일을 두
르고 마늘을 약불에 볶아 향을 냅니다.
문어를 넣고 파프리카 파우더를 뿌려
센 불에서 빠르게 볶습니다.
불을 끄고 라임 주스, 라임 제스트를
넣어 가볍게 섞습니다.

3. 완성하기

치즈 쉘에 문어와 아보카도를 함께 담습니다.

마이크로그린 또는 바질 잎으로 마무리합니다.

RITUAL OF THE DAY

시간과 토마토의 산미가 만드는 균형. 한우의 깊은 감칠맛과 토마토의 산뜻한 산미가 몸을 무겁지 않게 하면서도 충분한 에너지를 채워주는 한 끼. 정제당 없이도 풍부하고 만족스러운 맛의 구조를 경험해 보세요.

한우 토마토 곡물 스튜

HANWOO & TOMATO GRAIN STEW

좋은 단백질, 자연의 단맛, 식재료
그대로의 풍미

INGREDIENT

(2인 기준)

베이스

한우 다짐육 150g, 엑스트라 버진 올리브오일 3T

마리네이드

쌈장 3T, 타마리 간장 2T, 미림 1T, 팜슈가 1T

토마토 스튜

곡물 200g(현미·보리 등 혼합 잡곡, 깨끗이 씻어 물에 30분 정도 불리기), 참송이 버섯 100g(먹기 좋은 크기로 썰기), 물 200ml, 토마토 소스 100ml, 방울토마토 150g, 채소 코인 육수 3g(1개)

토핑

미니 바질 10g, 엑스트라 버진 올리브오일 2T

RECIPE

1. 한우 마리네이드

팬에 엑스트라 버진 올리브오일 3T을 두르고

한우 다짐육을 노릇하게 볶습니다.

불을 끈 다음 마리네이드 재료를 넣고 섞습니다.

2. 토마토 스튜

곡물은 깨끗이 씻어 30분간 물에 불린 후 체에 받쳐 물기를 제거합니다.

마리네이드한 한우가 들어 있는 팬에 곡물과 버섯을 넣고 2~3분간 볶습니다.

토마토소스, 방울토마토, 코인 육수, 물을 넣고 뚜껑을 덮은 채 약불에서 30분

간 천천히 끓입니다.

3. 완성하기
엑스트라 버진 올리브오일 2T를 뿌리고
미니 바질을 올려 마무리합니다.

Harmony of the Glass

Cloudy Bay Te Wahi

클라우디 베이 테 와히(뉴질랜드 / Central Otago)

한우 다짐육을 천천히 볶아낸 고소한 지방, 토마토의 은은한 산미 그리고 곡물에서 올라오는 구수한 감칠맛, 이 세 가지가 하나의 온기로 어우러질 때, 자연스럽게 떠오른 와인이 바로 클라우디 베이 테 와히 였습니다.

이 피노 누아는 과하지 않게 농밀하면서도 토마토의 산도와 놀라울 만큼 조화롭게 이어집니다. 잔잔하게 깔리는 숲 내음과 붉은 과실의 깊이 있는 향이 한우의 풍미와 곡물의 고소함 위에 조용히 내려앉죠.

우아하지만 지루하지 않고, 섬세하지만 존재감이 분명한 이 와인은 식사의 중간중간 작은 쉼표처럼 여유를 남겨줍니다. 느리게 끓여낸 이 스튜와 자연의 시간을 머금은 이 한 잔. 두 존재가 만나 만들어 내는 페어링은 '천천히 드러나는 아름다움'에 가깝습니다.

무엇 하나 과하지 않지만, 모든 것이 충분한 식사. 그리고 그 시간을 가장 부드럽게 감싸는 와인. 그게 바로, 테 와히입니다.

Chef's Essay 11

레시피를
변주하는 용기

대학에서 10년 가까이 요리를 가르치며 가장 자주 들었던 질문이 있습니다.

"이 재료 대신 다른 걸 넣어도 될까요?", "이건 꼭 이렇게 해야 하나요?"

많은 이들이 요리에 정해진 답이 있다고 믿습니다. 하지만 요리에는 완벽한 정답은 없습니다. 맛이란 '정해진 공식'이 아니라, 나만의 조합에서 나오는 것이기 때문입니다. 그것을 창의성이라 불러도 좋고, 실험정신이라 해도 좋습니다.

저 역시 처음엔 요리책에 나온 레시피를 그대로 따라했습니다. 하지만 곧 재료를 바꿔보고, 조리법을 바꿔보며 나만의 방식으로 변주해 보기 시작했죠. 그렇게 하나의 레시피는 개인의 취향에 맞게 진화하고, 결국 자신만의 요리 언어가 만들어집니다.

예를 들어, 연어를 활용한 샐러드를 만들고 나서 연어가 남았다면 다음 날 그 연어를 참치 대신 타다키롤에 써보는 겁니다. 루꼴라가 없다면 바질을, 생토마토가 싫다면 썬드라이 토마토를 써볼 수 있습니다. 이런 선택은 틀림이 아니라 다름이며 그 다름이 쌓여 자기만의 감각이 됩니다.

처음엔 누구나 '맛없을까 봐', '어울리지 않을까 봐' 망설입니다. 하지만 한 번의 실패를 감수하고 나면, 요리는 훨씬 자유롭고 즐거워집니다. 실패

속에서 '내가 좋아하는 맛', '내게 맞지 않는 조합'을 배워갑니다. 그렇게 만들어진 요리는 어디에도 없는 나만의 정답이 됩니다.

학생들에게도 자주 말합니다. "제가 만든 건 그저 하나의 예시일 뿐이에요." 레시피를 외우듯 만들기만 해서는 재료 본연의 질감과 향이 어우러지는 흐름을 제대로 느끼기 어렵습니다. 요리는 결국 경험입니다. 씹는 순간부터 삼키는 그 여운까지 입안에서 펼쳐지는 모든 감각이 입체적으로 어우러질 때, 비로소 하나의 요리가 완성됩니다.

저는 지금도 종종 한밤중에 떠오른 아이디어를 메모해 두고, 다음 날 만들어 봅니다. 하지만 생각보다 맛이 없을 때도 많습니다. 그럴 때마다 스스로 묻습니다. 왜 내가 상상한 맛이 나지 않을까? 그러면 식재료의 조화, 필요 유무, 조리법의 리듬을 다시 고민하며, 덜어내고 더하는 과정을 반복합니다.

요리는 결국 나만의 방식으로 확장하는 일입니다. 그 확장은 단지 맛의 진화가 아니라 자신의 취향을 알아가는 과정, 지속 가능한 식재료의 쓰임새를 넓히는 실천, 자연의 섭리를 존중하는 태도이기도 합니다. 맛은 정답이 아니라 방향입니다. 그 방향을 스스로 조율해 나가는 용기, 그것이야말로 '저속노화'의 진짜 시작이 아닐까요?

ROASTED BEETS WITH AGED BALSAMIC

구운 비트와 발사믹 글레이즈

RITUAL OF THE DAY

하루의 끝을 달콤하게 채우는 것은 설탕이 아니라 조리된 채소와 정제된 리듬입니다.
비트의 깊은 흙 내음과 발사믹의 산미, 그리고 블루 치즈의 풍부한 마무리까지 천천히 씹을수록
오늘을 정리하는 리듬이 열립니다.

INGREDIENT

(2인 기준)

구운 비트

비트 500g(껍질을 벗기고 웨지 모양으로 자르기),
엑스트라 버진 올리브오일 1T, 소금·후추 약간

발사믹 글레이즈

12년 숙성 발사믹 식초 4T, 꿀 또는 메이플 시럽 2T

가니시

블루 치즈 30g(크럼블 형태), 다진 파슬리 1T, 구운 호두 30g,
타임 잎 1줄기

RECIPE

1. 비트 굽기

오븐을 200℃로 예열합니다.

자른 비트를 올리브오일, 소금, 후추와 함께 버무립니다.

베이킹 시트에 비트를 고루 펴고 가장자리가 노릇해질 때까지

오븐에서 35~40분간 굽습니다.

중간에 한 번 뒤집어 주세요.

2. 발사믹 글레이즈 만들기

작은 소스 팬에 발사믹 식초와 꿀을 넣고 중불에서 1분만 끓입니다.

너무 졸이면 굳을 수 있으니, 약간 걸쭉해질 때까지만 조리합니다.

3. 완성하기

구운 비트에 따뜻한 발사믹 글레이즈를 부어 고루 섞습니다.
접시에 담고, 블루 치즈 크럼블, 구운 호두, 파슬리, 타임 잎을 곁들입니다.

· 따뜻하게 먹어도 좋고, 식혀서 샐러드로 즐겨도 좋습니다.

RITUAL OF THE DAY

발효의 깊이, 생채소의 향,
그리고 들기름의 고소함이 입안에서 하나의 리듬을 만듭니다.
익히지 않아도 충분히 따뜻한 한 그릇.
건강하게, 그리고 느리게 하루를 건너는 방법입니다.

낫토 들기름 막국수

FERMENTED BUCKWHEAT BOWL
WITH NATTO & PERILLA OIL

INGREDIENT

(2인 기준)

메밀면(건면) 100g

양념장

마 5T(갈기), 낫토 50g(1팩), 우메보시 3알(씨 제거 후 곱게 다지기), 들기름 3T, 타마리 간장 2T, 팜슈가 1T

토핑

볶은 깨 1T, 쪽파 녹색 부분 3T(다지기), 가쓰오부시 2g(약 1팩), 깻잎 5장(채썰기)

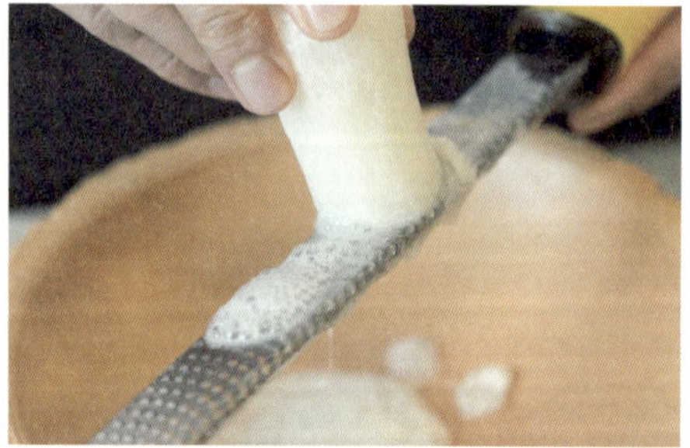

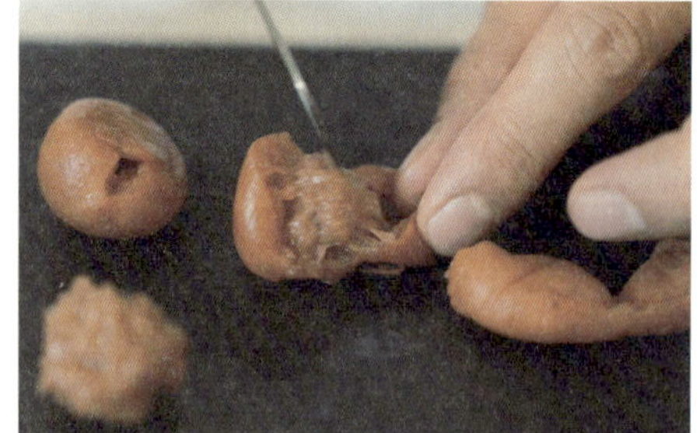

RECIPE

1. 메밀면 삶기

끓는 물에 메밀면을 4분 삶아 얼음물에
식힌 뒤 체에 밭쳐 차게 준비합니다.

2. 양념장

볼에 먼저 타마리 간장, 팜슈가, 들기름을 넣고 잘 섞습니다.

다음으로 낫토와 다진 우메보시를 넣어 함께 섞어주세요.

갈은 마는 먹기 직전, 양념장에 넣어 섞습니다. 그래야 질감 유지에 좋습니다.

접시에 메밀면을 담아 주세요.
위에 양념장을 넓게 끼얹습니다.
토핑 재료를 흩뿌려 마무리합니다.

채소절임과 토마토 플레이트

RITUAL OF THE DAY

입안에서 피어나는 토마토의 산미, 피클과 올리브의 짭조름함이 하루의 감각을 차분히 정돈합니다.
화이트 와인 한 잔을 곁들이면, 당신의 밤은 한결 더 유연하게 흐릅니다.

INGREDIENT

(2인 기준)

잘 익은 완숙 토마토 200g(슬라이스), 코르니숑 피클 50g, 칵테일 어니언 피클 50g, 고추 피클 또는 고추 장아찌 30g, 카스텔 베트라노 올리브 50g(또는 그린 올리브), 미니 바질 5g

마리네이드 드레싱

라임 주스 2T, 엑스트라 버진 올리브오일 3T, 피스타치오 페이스트 1T, 홀스래디시 1/2T, 핫소스 1t, 우스터 소스 1t, 소금·후추 약간

· 코르니숑 피클 (Cornichon Pickle)

프랑스의 식탁에서 빠질 수 없는 작은 피클이에요.

3~5cm 정도의 어린 오이를 소금물에 절여 숙성시킨 다음, 화이트 와인 식초와 허브, 머스타드 씨로 향을 입혀 만듭니다. 입안에서 '톡' 하고 씹히는 단단한 식감, 짧지만 강렬하게 퍼지는 산미가 기름진 요리를 깔끔하게 정리해 줍니다. 한입 먹는 순간, 혀끝의 감각이 깨어나는 느낌이에요. 단순한 피클이지만 식사 전후에 곁들이면 입맛이 자연스럽게 리셋되고, 다음 한입이 더 즐거워집니다.

· 칵테일 어니언 피클 (Cocktail Onion Pickle)

작고 둥근 흰 양파를 통째로 절인 피클이에요. '펄 어니언Pearl Onion'이라고도 부르죠. 살짝 단맛이 도는 식초 절임이라, 일반 피클보다 부드럽고 향이 은은합니다. 살짝 매콤하면서도 달콤한 그 균형이, 와인이나 치즈 플레이트에 포인트를 더해 줍니다.

한 알만 먹어도 입안이 상쾌해지고, 묵직한 음식 사이에서 좋은 '쉼표' 역할을 해줘요. 특히 차게 식힌 요리와 함께 내면 하루의 끝에 어울리는 깨끗한 마무리가 됩니다.

· 카스텔베트라노 올리브 (Castelvetrano Olive)

이탈리아 시칠리아의 햇살 아래에서 자란, '네로치아라Nocellara del Belice' 품종의 올리브입니다. 짠맛보다는 고소하고 버터 같은 질감이 특징이에요. 입안에서 천천히 녹아드는 듯한 단맛과 부드러움은 올리브의 이미지를 완전히 새롭게 만들어줍니다.

기름기가 아니라 풍미로 존재감을 드러내는 올리브. 가벼운 화이트 와인이나 토마토 요리에 곁들이면 풍미의 여운이 길게 이어집니다. 한 알의 올리브가 남기는 그 고요한 맛의 여운이, 식사의 리듬을 천천히 되돌려줍니다.

RECIPE

1. 토마토 & 피클 준비

토마토는 넓고 얇게 슬라이스하고, 피클류는 물기를 제거해 먹기 좋은
크기로 준비합니다.

2. 마리네이드 만들기

볼에 소금과 후추를 제외한 마리네이드 드레싱 재료를 모두 넣고 섞습니다.
마지막에 소금과 후추로 간을 맞춥니다.

3. 완성하기

접시에 토마토 슬라이스를 바닥에 깔고, 피클, 올리브, 바질 잎을 고르게 얹습니다.

마리네이드 드레싱을 고루 뿌려 5~10분간 상온에 두어 풍미가 스며들도록 합니다.

- 냉장고에 넣어 차게 먹어도 좋고, 미지근한 온도로 즐겨도 좋습니다.
- 가볍게 칠링한 내추럴 화이트 와인과 함께하면 식사의 감각이 한층 더 깊어집니다.

RITUAL OF THE DAY

발효의 짠맛, 참기름의 고소함,
닭안심의 부드러움이 조용히 하루의 속도를 늦춥니다.
늦은 밤, 허기를 달래되 부담은 남기지 않는 식사.
이 한 접시는 혈당을 천천히 올리고, 장내 환경을 정돈하며 다음 날 아침을 가볍게 준비하는
리듬입니다.

닭안심과 우메보시 드레싱 샐러드

CHICKEN TENDER WITH UMEBOSHI DRESSING

발효의 산미, 단백질의 부드러움,
생채소의 리듬

INGREDIENT

(2인 기준)

닭안심 저온 조리

닭안심 300g, 맛술 1T, 물 1L, 소금·후추 약간

채소 & 허브

오이 100g, 시소 또는 깻잎 5장 – **채 썰기**

오크라 50g, 무순 20g, 소금 ½T

드레싱

우메보시 50g(씨 제거 후 곱게 다지기), 낫또 30g, 참기름 1T, 타마리 간장 ½T,

화이트 발사믹 식초 1t, 꿀 1t

토핑

볶은 깨 1T, 후추 약간

RECIPE

1. 닭안심 저온 익히기

냄비에 물 1L, 맛술, 소금, 후추를 넣고 끓입니다.

불을 끄고 닭안심을 넣은 뒤 뚜껑 덮고 잔열로 7분간 익힙니다.

얼음물에 식혀 한입 크기로 찢습니다.

2. 오이 절이기

채 썬 오이는 소금에 10분간
절인 뒤, 물기를 꼭 짭니다.

3. 오크라 데치기

꼭지를 다듬은 뒤 끓는 물에 2분간
데친 후 얼음물에 식혀 슬라이스
합니다.

4. 드레싱 만들기

볼에 드레싱 재료를 모두 넣고 잘 섞습니다.

5. 완성하기

드레싱이 담긴 볼에 먼저 오이, 오크라, 시소, 무순을
넣고 가볍게 버무립니다.

찢은 닭안심을 넣고 다시 가볍게 섞습니다.

접시에 담은 뒤 깨와 후추를 뿌려 마무리합니다.

Chef's Essay 12

산미, 리듬을
만드는 맛

저는 산미가 없는 음식은 생동감이 없다고 생각합니다. 조금 과장하자면, 산미 없는 음식은 '죽은 음식'이라 말할 수도 있죠. 산미는 단순히 맛을 더하는 요소가 아닙니다. 입맛을 깨우고, 미각을 일으키며, 요리에 생기를 불어넣는 중요한 역할을 합니다. 우리는 '맛있다'는 말을 쉽게 하지만 그 안에는 여러 겹의 맛과 감각이 교차합니다. 짠맛·단맛·감칠맛·매운맛… 모두 중요한 요소지만, 그 모든 맛을 정돈하고 이어주는 맛이 바로 산미입니다.

예를 들어 프랑스 요리를 떠올리면, 버터와 크림 때문에 무겁게 느껴질 거라 생각하기 쉽지만 실제 현지에서 맛보는 프랑스 요리에는 산미가 놀랄 만큼 정교하게 스며들어 있습니다. 레몬주스, 산미를 머금은 크림, 발효된 소스, 은은한 식초까지 다양한 방식으로 산이 요리의 균형을 만듭니다. 만약 이 산이 없었다면 지방은 그저 무겁고 둔한 맛으로 남았을 것입니다.

와인이나 디저트도 마찬가지입니다. 달기만 한 디저트는 몇 입만 먹어도 금세 질리기 마련이죠. 하지만 산미가 더해질 때, 우리는 '더 먹고 싶다'고 느낍니다. 산은 단맛과 짠맛을 정돈하고, 느끼함을 덜어내며, 미각에 리듬을 만들어 줍니다.

많은 사람들이 산미를 레몬이나 라임 같은 뾰족한 맛으로만 인식합니다. 물론 대표적인 재료이긴 하지만, 자연주의를 지향하는 셰프들은 산을 훨씬 더 우아하게 표현합니다. 예컨대 우드 소렐Wood sorrel, 베고니아 Begonia 같은 식용 허브나 꽃을 사용해 산미를 담아내죠. 겉보기엔 단순한 장식처럼 보이지만, 한 입 베어 물었을 때 입안에 퍼지는 산뜻함은 레몬 못지않은 생기를 전해줍니다.

산은 발효와 시간 속에서도 만들어집니다. 장아찌나 피클은 대표적인 예죠. 이 산은 날카롭지 않고, 깊고 둥글며, 식욕을 부드럽게 자극합니다. 특히 오래 숙성된 발사믹 식초는 설탕 없이도 자연의 단맛과 부드러운 산미를 갖추며, 먹는 순간 "이건 단순한 식초가 아니구나" 하는 감탄을 이끌어 냅니다.

무엇보다 반가운 점은, 산미를 구성하는 유기산, 구연산, 젖산, 아세트산, 말산 등이 실제로 저속노화에 도움을 줄 수 있다는 사실입니다. 유기산은 소화 효소의 분비를 돕고, 장내 미생물 균형을 조절하며, 식후 혈당의 급격한 상승을 완화해 인슐린 스파이크를 줄이는 데 기여합니다. 특히 발효로 얻은 산은 항산화 효소의 활성도를 높이고, 만성 염증을 낮추는 데 도움을 줄 수 있습니다.

이 책에 담긴 레시피들 또한 대부분 산미와 조화를 이루는 요리들입니다. 어떤 요리는 강렬하게, 어떤 요리는 아주 은은하게 스며들어 있습니다. 산은 저속노화의 측면에서도, 그리고 미식의 구조에서도 중요한 역할을 합니다. 무거운 맛을 가볍게 만들고, 무뎌진 감각에 신호를 주며, 오래 기억에 남는 맛을 만들어 줍니다. 레몬이든, 식초든, 허브든, 발효든 상관없습니다. 산이 없는 요리는 완성되지 않은 요리입니다

CHAPTER 4

식물의 힘

The

Power

"색이 짙고 향이 강한 채소일수록,
노화를 늦추는 힘도 강합니다."

of
Plants

"색이 짙고 향이 강한 채소일수록,
노화를 늦추는 힘도 강합니다."

Chef's Essay 13

비건,
확장된 미각의 가능성

처음부터 비건 음식을 좋아했던 건 아닙니다. 셰프로서의 일상도, 평소 식사도 대부분 고기 중심이었고, 비건이라고 하면 그저 샐러드나 채소 몇 가지로 구성된 단조로운 식사쯤으로만 생각했습니다.

전환점은 금융회사 토스와 함께한 콘텐츠, '미식경제학'을 진행하면서 찾아왔습니다. 당시에 만난 다양한 게스트 중 다수가 비건 식단을 실천하고 있었고, 그들과 이야기를 나누는 과정에서 저 역시 비건 음식에 대한 인식이 조금씩 달라지기 시작했습니다.

많은 사람들이 비건 음식에 대해 '심심하다', '맛이 없다', '영양이 부족할 것 같다'는 고정관념을 갖고 있습니다. 사실 저도 그랬습니다. 채소는 늘 고기의 풍미를 보완하는 조연에 불과했고, 온전히 음미해 본 기억이 없었습니다. 하지만 비건 요리에 관심을 갖게 되면서 채소 본연의 맛에 집중하게 되었고, 그 안에서 이전에 알지 못했던 미묘한 '맛의 결'과 '식감'을 새롭게 느끼게 되었습니다.

비건 요리는 단순히 '무언가를 뺀 요리'가 아니라 식재료를 다르게 바라보고, 새로운 조합을 시도하며, 맛의 경계를 확장하는 창의적인 요리법이었습니다. 그 변화는 셰프로서 제 요리의 폭을 넓혀주었고, 식탁 위 선택지를 훨씬 더 풍성하게 만들어 주었습니다.

비건은 저속노화 관점에서도 매우 유의미한 식단입니다. 육류, 특히 가공육이나 고온 조리된 음식이 체내 염증을 유발하는 반면, 비건 식단은 항산화 성분과 식이섬유가 풍부해 염증 수치를 낮추고 대사 리듬을 안정화하는 데 도움을 줍니다.

피부 트러블, 만성 소화불량, 수면의 질 저하 등 몸의 다양한 신호들은 식습관과 직결되어 있습니다. 이런 분들이 하루 한 끼만 비건 식사로 바꾸어도 몸이 가벼워지고, 내적인 균형이 회복되는 변화를 경험할 수 있습니다.

또 하나의 오해는 비건 식단은 단백질이 부족하다는 인식입니다. 하지만 아보카도, 렌틸콩, 병아리콩, 두부, 퀴노아, 해조류 등의 비건 식재료는 단백질뿐 아니라 섬유질, 철분, 비타민B군 등 균형 잡힌 영양소의 공급원이 될 수 있습니다.

예전에는 우리나라에서 '비건' 하면 생채소나 나물 정도를 떠올렸지만, 요즘의 비건 요리는 훨씬 더 풍부하고 깊이 있게 발전하고 있습니다. 올리브오일, 고급 발사믹 식초, 향긋한 허브, 감칠맛이 살아 있는 비건 소스를 활용하면 고기를 사용하지 않고도 충분히 만족스러운 한 접시를 만들 수 있습니다.

이번에 소개할 비건 레시피 역시 '지속 가능하고 실현 가능한 방식'을 원칙으로 삼았습니다. 접해본 적 없는 낯선 재료보다는 일상에서 익숙한 식재료를 새로운 방식으로 구성하는 데 중점을 두었습니다. 예를 들어, 감자나 두부를 베이스로 한 스프에 허브 오일 몇 방울을 더하거나, 잘게 갈린 컬리플라워 대신 통째로 스테이크처럼 구워내 화이트 발사믹을 뿌리는 방식처럼요. 이런 작은 차이들이 익숙한 재료를 새롭게 경험하는 미각의 확장이 되어줄 수 있습니다.

물론 저 역시 고기를 좋아합니다. 앞으로도 비건이 될 가능성은 거의 없습니다. 하지만 비건이 일상의 일부로 들어오면, 그만큼 식탁은 다양해지고 새로운 맛의 가능성이 열립니다. 비건은 선택지를 줄이는 것이 아니라, 미식의 폭을 넓히는 방식입니다. 채소 본연의 맛과 결을 존중하는 것만으로도 깊이 있고 인상적인 요리를 만들어 낼 수 있습니다. 그것이 제가 비건을 '미각의 가능성'이라고 말하는 이유입니다.

SPICY CHILLED TOMATO BROTH CAPELLINI

매콤한 토마토 냉 파스타

RITUAL OF THE DAY

카펠리니처럼 가느다란 면은 적은 양으로도 포만감을 주고, 묵은지와 토마토의 조합은 장 건강
과 면역에도 유익합니다.
냉장고 속 흔한 재료지만 한 끼의 미식처럼…
복잡하지 않지만, 충분히 특별한 하루를 만들어 줍니다.

INGREDIENT

(1-2인 기준)

카펠리니 100g

토마토 육수

잘 익은 토마토 300g, 다진 마늘 1t, 고운 고춧가루 1.5T, 고추기름 1T, 타마리 간장 2T, 화이트 발사믹 식초 2T, 팜슈가 1T, 각얼음 5개, 소금 약간

토핑

묵은지 70g(흐르는 물에 씻어 얇게 채썰기), 오이 30g(얇게 채썰기), 홀그레인 머스타드 1/2T, 참기름2T, 깨소금이나 후리가케(선택)

1. 토마토 준비

십자 모양으로 칼집을 내고 끓는 물에 1분간 데친 뒤 찬물에 담가
껍질을 벗겨 준비합니다.

2. 매운 토마토 육수 만들기

껍질 벗긴 토마토와 육수 재료를 넣고 곱게 갈아줍니다.
소금으로 간을 맞춥니다. 냉장고에 넣어 시원하게 만들어 주세요.

3. 면 삶기

물 1L에 소금 1T 넣습니다.

물이 끓으면 카펠리니를 4분간 삶고,

얼음물에 헹궈 탄력 있게 만들어 주세요.

4. 완성하기

그릇에 면을 담고, 홀그레인 머스타드와 참기름을 섞습니다.

묵은지와 오이를 올립니다.

토마토 육수를 부은 뒤 얼음을 올려 마무리합니다.

원한다면 깨소금이나 후리가케로 고소함을 더해보세요..

RITUAL OF THE DAY

가지 하나로 충분한 밤.
식물성 감칠맛과 따뜻한 밥 한 공기가 오늘을 조용히 마무리합니다.
소화는 편안하고, 맛은 깊고, 다음 날의 리듬은 한결 가볍게 시작됩니다.

가지
간장 덮밥

SOY-GLAZED EGGPLANT & TOASTED SESAME

가지 하나로 완성되는 깊은 풍미,
잠들기 전에도 부담 없는 따뜻한 야식

INGREDIENT

(2인 기준)

구운 가지

가지 300g(2~3개 정도), 감자 전분 3T, 엑스트라 버진 올리브
오일 또는 참기름 1T

간장 소스

타마리 간장 2T, 팜슈가 1T, 비건 미림 또는 화이트 와인 2T,
레몬주스 1T, 채소 코인 육수 약 3g(1개 분량, 으깨어 사용)

추가 재료

현미밥 또는 곤약밥 150g 2개, 잘게 자른 김 3g, 볶은 깨 1T,
쪽파 녹색 부분 3T(다지기)

RECIPE

1. 가지 손질

가지는 꼭지를 자르고 껍질을 벗깁니다.

랩에 싸서 전자레인지(600W 기준)에 3분간 돌려 속까지 부드럽게 익힙니다.

반으로 갈라 펼친 뒤 포크나 칼로 격자무늬 칼집을 넣습니다.

키친 타월로 수분을 제거하고 감자전분을 양면에 고루 묻혀줍니다.

2. 가지 굽기

팬에 엑스트라 버진 올리브오일(또는 참기름)을 두르고 중약불에서
앞뒤로 노릇하게 구워 겉면에 색을 입힙니다.

3. 간장 소스

작은 볼에 간장 소스 재료를 넣고 잘 섞습니다.

구운 가지 위에 부어 약불에서 살짝 졸입니다.

양면에 윤기와 농도가 생기면 바로 불을 끕니다. 타지 않게 주의하세요.

4. 완성하기

따뜻한 현미밥 또는 곤약밥 위에 김을 얹고
구운 가지를 올린 뒤 남은 소스를 뿌립니다.
볶은 깨와 다진 쪽파를 올려 마무리합니다.

식물성 재료만으로도 충분히 따뜻하고, 향으로 기억되는 한 끼.

타이 그린 스프링 누들 수프

RITUAL OF THE DAY

허브의 신선함, 땅의 풍미, 코코넛의 부드러움이 한 그릇 안에서 조화롭게 감돕니다.
식물성 재료만으로도 충분히 따뜻하고, 향으로 기억되는 한 끼.

INGREDIENT

(2인 기준)

쌀국수(또는 좋아하는 면) 120g

수프 베이스

마늘 30g, 생강 10g(손가락 마디 정도 크기) 민트 잎 30g, 고수 30g, 시금치 150g, 대파 50g(흰 부분은 수프 베이스에, 초록 부분은 가니시용), 땅콩버터 1T, 타마리 간장 1T, 라임 주스 3T, 팜슈가 1T, 미소 된장 1T, 코코넛 밀크 500ml, 물 500ml, 채소 코인 육수 9g(3개), 소금·후추 약간

토핑

당근 50g(채 썰기), 가지 100g(얇게 슬라이스), 브로콜리니 50g(한 입 크기로 썰기), 느타리 버섯 50g(한 입 크기로 썰기), 홍고추 슬라이스 약간, 볶은 깨 1t, 고추기름 1T

1. 수프 베이스

블렌더에 마늘, 생강, 민트, 고수, 시금치, 대파 흰 부분을 넣고 갈아줍니다.

땅콩버터, 타마리 간장, 라임주스, 팜슈가, 미소 된장을 넣고 다시 한 번 갈아

줍니다.

코코넛 밀크, 물, 채소 코인 육수를 넣어 잘 섞습니다.

냄비에 옮겨 중불에서 5～10분 끓입니다.

끓는 동안 소금이나 팜슈가 등으로 취향에 맞게 단맛과 짠맛을 조절합니다.

2. 토핑

당근, 가지, 브로콜리니, 버섯 등 채소는 찜기에 5분간 찝니다.

3. 국수

국수는 따로 삶아 체에 밭쳐 준비합니다.

4. 완성하기

그릇에 면을 담고, 뜨거운 수프 베이스를 부어줍니다.
채소를 보기 좋게 얹습니다.
마지막으로 대파 초록 부분, 고추 슬라이스, 볶은 깨,
고추기름을 올려 마무리합니다.

RITUAL OF THE DAY

복잡한 조리 없이도, 한 접시로 오늘의 리듬을 정돈할 수 있습니다.
올리브오일 없이도 가능한 식물성 고소함
홀그레인 머스타드가 남기는 미묘한 여운, 그리고 양배추의 단맛까지
하루를 정리하는 작은 의식으로도, 밥반찬으로도 더할 나위 없습니다.

비건 양배추
김무침

VEGAN CABBAGE & SEAWEED SALAD

INGREDIENT

(2인 기준)

양배추 500g(채 썰기), 김 가루 30g, 소금 1/2T, 볶은 참깨 5T,

참기름 3T, 홀그레인 머스타드 1T, 쪽파 녹색 부분 5T(다지기)

RECIPE

1.

채 썬 양배추는 찬물에 잘 헹굽니다.
물기를 잘 닦고 그릇에 담은 뒤 랩을 씌워 전자레인지(600W 기준)에 3분간 가열합니다.
식힌 뒤 손으로 꼭 짜서 물기를 제거합니다.
볼에 양배추, 김 가루, 소금, 홀그레인 머스타드, 참기름, 쪽파를 넣고 손으로 부드럽게 조물조물 무칩니다.

2. 완성하기

무친 양배추 김무침 위에 볶은 참깨를 뿌려 완성합니다.
간이 부족하면 소금이나 홀그레인 머스타드로 조절합니다.
냉장고에 넣어두었다가 차갑게 즐겨도 좋습니다.

브로콜리 캐슈넛 수프와 크루통

RITUAL OF THE DAY

캐슈넛의 부드러움과 브로콜리의 씹는 맛이 조화를 이루는 한 그릇.
섬유질과 항산화 성분이 가득한 수프 한입이 하루의 리듬을 천천히, 건강하게 정돈해 줍니다.

고소함과 크리미함은 유지하면서,
깊은 풍미를 담은 한 그릇

INGREDIENT

(2인 기준)

수프 베이스

양파 100g, 샐러리 50g, 당근 50g, 감자 60g, 마늘 10g, 브로콜리 250g
- 다지기

엑스트라 버진 올리브오일 3T, 채소 코인 육수 6g(약 2개), 물 500ml, 구운 캐슈넛 50g, 레몬주스 1T, 홀그레인 머스터드 1/2t, 바질 잎 10g, 소금·후추 약간

· 브로콜리는 껍질을 제거한 후 줄기와 송이 부분으로 나누어 다집니다. 송이 부분의 절반은 수프 베이스로, 남은 절반은 토핑으로 사용합니다.

크루통

통곡물 사워도우 60g(1cm 큐브 형태로), 엑스트라 버진 올리브오일 1T

토핑

구운 브로콜리 송이 부분 절반, 햄프씨드 또는 볶은 아마씨 1t, 엑스트라 버진 올리브오일 1T

RECIPE

1. 채소 볶기

냄비에 엑스트라 버진 올리브오일을 두르고 양파, 샐러리, 당근, 브로콜리
줄기 전부와 송이 부분 1/2, 마늘을 중불에서 7~8분간 볶습니다.
감자와 채소 코인 육수, 물을 넣고 뚜껑을 덮어 15분간 끓입니다.

2. 브로콜리 굽기

오븐 또는 에어프라이어를 180℃로 예열합니다.
브로콜리 송이 부분 1/2을 예열된 오븐이나
에어프라이어에서 10분간 굽습니다.

3. 크루통 만들기

큐브 형태로 썬 사워도우를 엑스트라 버진 올리브오일
을 살짝 버무린 후 오븐이나 팬에 바삭하게 굽습니다.

4. 수프 블렌딩

15분간 끓인 채소를 블렌더에 옮겨 담은 뒤 캐슈넛, 홀그레인 머스
터드, 레몬주스, 바질잎, 소금·후추를 넣고 부드럽게 갈아줍니다.

5. 완성하기

따뜻한 수프를 그릇에 담고, 구운 브로콜리 및
토핑 재료, 크루통을 올립니다.
엑스트라 버진 올리브오일을 뿌려 마무리합니다.

RITUAL OF THE DAY

튀기지 않아도 바삭한 식감, 소박하지만 놀랍도록 감각적인 맛.
천천히, 가볍게 이 한 접시가 당신의 리듬을 부드럽게 정돈해 줍니다.

바삭한 콜리플라워와 쪽파 & 참깨 딥 소스

CRISPY CAULIFLOWER
WITH SCALLION & SESAME VEGAN DIP

INGREDIENT

(2인 기준)

콜리플라워 베이스

콜리플라워 500g(한입 크기로 자르기), 병아리콩 가루 100g, 타피오카
전분 40g, 마늘가루 1T, 고춧가루 1t, 미소 된장 1t, 귀리 우유 200ml,
통밀빵 100g(믹서로 갈거나 빵가루를 사용), 소금 1/3t, 후추 1/3t

· 귀리 우유는 무첨가 두유로 대체 가능합니다.

딥 소스

비건 마요네즈 3T, 쪽파 녹색 부분 1T(다지기), 코코넛 슈가 1T,
레몬주스 1T, 고춧가루 1t, 다진 마늘 1/2T, 깨소금 1T

추가 선택

들기름 1T, 고수 잎 10g

1. 반죽 만들기

볼에 병아리콩 가루, 타피오카 전분,
마늘 가루, 고춧가루, 미소 된장, 소금·
후추를 넣고 섞습니다.

귀리 우유를 넣어 걸쭉한 반죽을 만듭
니다. 팬케이크 반죽처럼 약간 묽은 정
도가 좋습니다. 우유를 가감하면서 농
도를 조절하세요.

2. 코팅 & 굽기

오븐은 200℃로 예열합니다.

콜리플라워를 반죽에 담가 고루 묻힌
뒤, 통밀 빵가루에 굴려 겉면을 완전
히 코팅합니다.

유산지를 깐 오븐 팬에 넓게 펼쳐 예
열된 오븐에 25~30분간 굽습니다.
중간에 한 번 뒤집으면 더욱 고르게
익습니다.

3. 딥 소스 만들기

작은 볼에 딥 소스 재료를 모두 넣고 섞습니다.

· 딥소스는 냉장 보관하면 더욱 상큼하게 즐길 수 있습니다.

4. 완성하기

구운 콜리플라워를 접시에 담고,
딥 소스를 곁들입니다.
취향에 따라 고소한 들기름, 고수
잎을 추가하는 것도 좋습니다.

숙성된 피클이 속도를 늦추고, 입맛과 몸을 깨어나게 합니다.

매콤한 토마토 피클

RITUAL OF THE DAY

바쁘게 흐르는 하루에 잠시 멈춤을 선사하는 매콤한 산미.
숙성된 피클이 속도를 늦추고, 입맛과 몸을 깨어나게 합니다.

NUMBER39

INGREDIENT

상큼한 산미와 은은한 단맛,
청양고추의 매운맛이
어우러지는 저속노화 피클

(4-5인분 기준)

방울토마토 또는 피클용 녹색 토마토 1kg

피클 주스

화이트 발사믹 식초 350ml, 물 600ml, 코코넛 슈가 300g, 꽃소금 50g,
피클링 스파이스 믹스 10g, 시나몬 스틱 30g, 청양고추 50g(줄이거나 늘려
서 매운맛 강도 조절), 레몬 1개,

RECIPE

1. 피클 주스 만들기

냄비에 물, 화이트 발사믹 식초, 코코넛 슈가, 꽃소금, 피클링 스파이스,
시나몬 스틱을 넣고 중불에서 10분간 끓입니다.
체에 거른 후 유리병에 담아 식힙니다.

· 반드시 완전히 식혀야 토마토가 무르지 않습니다.

2. 토마토 & 고추 준비

토마토는 깨끗이 씻어 꼭지를 제거합니다.

청양고추는 꼭지를 제거한 뒤 반으로 갈라 씨를 털어냅니다.

3. 레몬 처리

레몬은 껍질을 제스트로 갈고 반으로
잘라 즙을 짭니다.
짜고 남은 레몬 껍질은 피클 병에 함께
넣어 향을 더합니다.

4. 완성하기

식혀둔 피클 주스와 레몬이 담긴 병에 토마토와 청양고추를 넣습니다.

냉장 보관 하루 후 레몬 껍질을 건져냅니다.

3~5일 숙성 시 가장 깊은 맛이 납니다.

RITUAL OF THE DAY

구운 가지의 스모키함, 파프리카의 달콤함 그리고 엑스트라 버진 올리브오일의
부드러운 향이 입안에 천천히 퍼집니다.
조금 느려도 괜찮은 오늘, 이 딥 한 스푼이 당신의 리듬을 가볍게 되돌려줍니다.

항산화 가득한
비건 딥

SMOKY EGGPLANT & RED PEPPER DIP

INGREDIENT

(2인 기준)

비건 딥 베이스

가지 500g, 빨간 파프리카 300g, 통 마늘 2개, 엑스트라 버진 올리브오일 1T

블렌딩 재료

레몬주스 1T, 훈제 파프리카 가루 1T, 엑스트라 버진 올리브오일 2T,

소금·후추 약간

토핑

다진 이탈리안 파슬리 1T

곁들임

토스트용 호밀 또는 통밀빵

· 빵 대신 구운 채소와 먹어도 좋습니다.

RECIPE

1. 굽기

오븐을 200℃로 예열합니다.

가지와 파프리카는 통째로, 마늘은 윗부분을 잘라내고

엑스트라 버진 올리브오일을 뿌려 호일에 감쌉니다.

재료를 트레이에 올리고, 예열한 오븐에서 25~30분간 굽습니다.

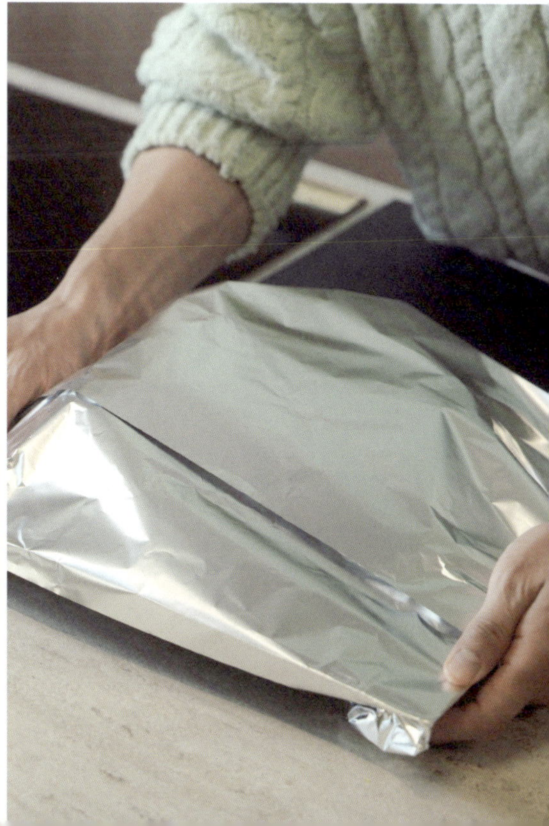

2. 재료 손질

구운 가지와 파프리카는 껍질
을 벗깁니다. 파프리카는 씨까
지 제거합니다.

3. 블렌딩

손질한 가지, 파프리카와 마늘을 비롯해
블렌딩 재료를 모두 넣고 곱게 갈아줍니다.

· 포크로 거칠게 으깨도 됩니다.

4. 완성하기

다진 생 파슬리를 넣어 섞습니다. 마무리로 엑스트라 버진 올리브오일을
살짝 두르면 향이 더욱 살아납니다.
통밀 토스트나 구운 채소에 바르거나 찍어 먹습니다.

Harmony of the Glass

Human Cellars Ode to Rudi Riesling
휴먼 셀러스 오드 투 루디 리즐링

구운 가지는 묘한 매력을 가진 식재료입니다. 오븐에 구워 속은 부드럽고 크리미하게 녹아내리죠. 여기에 파프리카의 자연스러운 단맛, 구운 마늘의 깊은 향, 엑스트라 버진 올리브오일의 부드러운 풍미가 더해지면 단순하지만 놀라운 깊이가 탄생합니다. 이럴 땐 산도가 절실히 필요합니다. 무언가를 덜어내기 위한 것이 아니라, 그 풍미를 더 넓게 펼쳐 보이기 위해서요.

루디 리즐링은 바로 그런 역할을 해주는 와인입니다. 오리건의 서늘한 기후가 만들어낸 이 드라이 리슬링은 라임 제스트, 석회질, 흰 꽃 향을 섬세하게 머금고 있습니다. 가볍지 않지만 부담스럽지도 않은 구조, 선명한 산미와 단단한 미네랄리티, 이 모든 것이 비건 딥의 스모키하고 크리미한 질감이 입 안에서 유연하게 흘러갑니다.

그리고 그 끝에 남는 건 '한 모금 더'가 아니라 한 번 더 이 조합을 느끼고 싶어지는 리듬. 조금은 느긋한 오후, 비건 딥 한 스푼과 내추럴 리즐링 한 잔이 당신의 리듬을 조용히 되돌려줄지도 모릅니다.

간장 발사믹 드레싱을 곁들인 곡물 샐러드

RITUAL OF THE DAY

하루의 중심에서 식물성 균형을 되찾는 시간.
허브의 향, 곡물의 밀도, 감칠맛 드레싱의 여운까지.
이 한 접시는 단순한 샐러드가 아닌, 리듬을 회복하는 작은 식사입니다.

INGREDIENT

(2인 기준)

파로 곡물 샐러드,
감칠맛 간장 발사믹 드레싱과
함께 식물성 영양, 혈당 균형,
향긋한 허브의 조화

샐러드 베이스

오이 100g, 샬롯 30g – 슬라이스

사과 100g(채썰기), 방울토마토 60g(반으로 자르기), 삶은 파로 곡물 라이스

200g, 미니 루꼴라 30g, 미니 순 20g, 처빌 10g

간장 발사믹 드레싱

마늘 1T, 샬롯 10g – 다지기

홀그레인 머스터드 1t, 발사믹 식초 3T, 셰리 식초 3T, 타마리 간장 2T,

엑스트라 버진 올리브오일 180ml, 소금 1t, 후추 1/3t

· 셰리 식초가 없다면 발사믹 식초를 6T로 변경해도 괜찮습니다.

토핑

볶은 피스타치오 10g

RECIPE

1. 드레싱

볼에 올리브오일을 제외한 나머지 간장 발사믹 드레싱 재료를 넣고 섞습니다. 마지막으로 엑스트라 버진 올리브오일을 천천히 부으며 잘 유화되도록 섞습니다.

2. 샐러드

큰 볼에 샐러드 베이스 재료를 넣습니다.

3. 완성하기

드레싱을 4T 징도 뿌린 뒤 잘 섞습니다. 피스타치오를 뿌려 마무리합니다.

Chef's Essay 14

**경계를 넘는 사람,
경계를 넓히는 요리**

저는 요리에서 어떤 경계나 한계를 두지 않으려 합니다. 새로운 계기가 생기면 언제든 공부하고, 호기심이 생기면 주저 없이 도전하는 편입니다. 예전에 <나 혼자 산다>에 출연했을 때, 배우 이장우 님께 요리를 해드린 적이 있었는데 그 영상을 본 샤이니의 기범 님께서 "정점에 다다른 사람의 다음 행보 같다."라는 말을 해주셨습니다. 과분한 칭찬이었고, 저 스스로도 그렇게 생각하진 않지만 새로운 시도를 멈추지 않으려는 마음만은 늘 간직해 왔습니다.

와인을 더 깊이 이해하고 싶어 작은 와인바를 운영하게 되었고, 올리브 오일과 발사믹 식초 같은 식재료에 관심을 넓혀 공부하고, 비건 요리에 천천히 다가가며 식재료의 새로운 가능성을 탐색했습니다. 그리고 지금 이렇게 『Eat Slow, Age Slow』를 펴내게 된 일까지 모두 나를 조금씩 확장해 온 같은 흐름 속에 있습니다.

관습을 넘어 배우는 사람

원래부터 그런 건 아니었습니다. 프렌치와 이탈리안 요리로 경력을 시작했고, 처음엔 선배들의 방식, 그들이 남긴 흔적을 따라 요리했습니다. 그때는 '이 요리에 이 재료가 빠지면 안 된다'는 게 당연한 철칙이라 믿었고, 그 방식 외엔 상상하지도 않았습니다. 하지만 시간이 흘러 어느 정도 경력을 쌓은 뒤, 저를 가르쳐줬던 선배에게 물었습니다. "왜 꼭 이 요리에 이 재료가 들어가야 하나요?"

그분은 이렇게 대답했습니다. "모르지. 나도 그렇게 배웠으니까." 그 순간 깨달았습니다. 우리가 '전통'이라 부르던 것들은 실은 아무런 이유 없는 관습이었고, 나아가 누군가에게는 변화의 가능성을 막는 '악습'일 수도 있다는 것을 말이죠.

그 이후로 저는 스스로에게 다짐했습니다. '누군가 나에게 요리에 관해 물었을 때 그런 대답을 하는 사람은 되지 말자.' 그리고 그 다짐은 지금까지도 저의 요리와 태도를 이끄는 중심이 되고 있습니다.

두 번째 전환점은 한남동의 복합문화공간 <사운즈 한남>에서 총괄 셰프로 일하던 시기였습니다. 단순히 음식을 만드는 것을 넘어, 카페와 브런치, 한식과 유러피안 다이닝, 와인바까지 서로 결이 다른 8개의 공간을 조율하며 3년간 운영을 총괄했습니다.

그 과정에서 가장 인상 깊었던 건, 함께 일한 이들이 요식업 전문가가 아닌 건축가, 디자이너, 매거진 에디터, IT 기획자 등 전혀 다른 분야의 사람들이었다는 점이었습니다. 처음엔 낯설었지만, 그들의 시선은 제 고정관념을 흔들기에 충분했습니다.

이들은 요리를 '완성된 음식'이 아닌 하나의 경험으로 바라보았고, 그릇의 질감이나 컬러까지 이야기의 연장선으로 여겼습니다. "셰프님, 이 요리는 이 브랜드의 컬러랑 더 어울릴 것 같아요."라는 디자인 팀의 말에 처음에는 당황했지만, 블로그 리뷰, 외식 트렌드, SNS 레퍼런스를 정리한 그들의 논리 앞에 어느 순간 고개를 끄덕이고 있었습니다.

그 협업은 타협이 아닌 확장이었습니다. 내 방식만이 정답일 수 없다는 걸 처음으로 체감했던 시간이었죠.

경계를 넘어

지금 운영 중인 와인바 킥 또한 경험이 곧 철학이 된다는 믿음 위에 운영하고 있습니다. 보통의 와인바는 소믈리에가 와인을 소개하고 셰프는 주방 안에 머무는 것이 자연스러운 구조입니다. 하지만 우리는 그 경계를 허물었습니다. 셰프들이 직접 요리와 어우러지는 와인을 함께 전달하죠. 요리와 와인의 마리아주는 이 공간의 핵심이기 때문입니다.

또한 수백 가지 와인을 나열하는 대신, '와인바킥'의 시그니처 메뉴와 가장 어울리는 세 종의 와인을 직접 큐레이션하고, 브랜드화해 소개하고 있습니다. 소비자에게 수많은 선택을 맡기기보다 우리가 믿는 기준과 감각을 담아 '함께 경험하자'는 제안이었죠. 이러한 실험은 처음엔 두려웠지만, 두려움 때문에 피하면 성장도 없습니다. 경계를 넘는 시도는 결국 나를 확장시키는 경험이 됩니다.

이번 챕터에서 소개한 비건 요리 또한 같은 맥락에서 시작되었습니다. 금융회사 토스와 함께한 콘텐츠 '미식경제학'을 통해 채식 문화와 윤리적 식습관에 대한 이야기를 접했고, 그 과정을 즐겁게 공부하며 비건이라는 새로운 장르에 도전할 수 있었습니다.

채소만으로 완성된 식사를 직접 경험하지 않았다면 그 맛의 세계를 평생 지나쳐 버렸을지도 모릅니다. 그 경험은 저의 미식에 대한 감각, 세상을 바라보는 시각, 그리고 삶의 태도까지 더 깊고 유연하게 만들어 주었습니다.

지금 제 요리 철학의 중심에는 '저속노화'라는 키워드가 자리하고 있습니다. 하지만 언젠가는 또 다른 흐름 위에 새로운 주제를 품게 될지도 모릅니다. 확실한 건 하나입니다. 스스로에게 경계를 두지 않으려 한다는 것. 요리에도, 식탁에도, 삶의 태도에도 조금 더 유연하게 머무르고 싶습니다.

그리고 앞으로도 지금보다 조금 더 건강하고, 지속 가능한 삶의 리듬을 다른 이들과 나눌 수 있기를 바랍니다. 언젠가는 셰프라는 역할을 넘어, 주거와 주방, 일상의 공간까지도 건강한 흐름으로 채워가는 라이프스타일 전문가로 확장해 보고자 합니다.

CHAPTER 5

함께 먹는 식탁

Shared
Plate

아이들을 위한 건강한 한 끼는 결국 어른에게도 좋은 식사입니다.
소화가 쉬우면서 자극이 없고, 자연의 단맛과 색감으로 유도된 요리들을 소개합니다.
'함께 먹는 기쁨'이 '건강한 습관'이 되는 레시피입니다.

Eating With Children

Chef's Essay 15

아이와 식탁을 나누는 순간, 요리를 바라보는 관점은 달라질 수밖에 없습니다. 특히 아이가 어느 정도 자라 부모와 같은 식단을 공유하게 되면, '맛' 이상의 것들을 고민하게 됩니다. 어떤 재료를 쓰는지, 영양소는 얼마나 균형 있게 구성되었는지, 그리고 이 식사가 건강한 습관으로 이어질 수 있는지까지도 말이죠. 아이를 위한 음식을 준비하면서 자연스레 내 삶을 돌아보게 되는 경험. 그것은 저속노화 식단의 본질과도 닿아 있습니다.

제가 느낀 가장 분명한 사실 중 하나는 아이에게 좋은 음식은 결국 부모에게도 좋을 수밖에 없다는 것입니다. 아이에게 맞춰 정직하게 구성한 한 끼는 결과적으로 온 가족의 건강을 위한 식단이 됩니다.

이번 챕터에서 소개할 레시피는 아이와 함께 먹는 식사를 위한 제안입니다. 하지만 단순히 유아식을 말하는 것이 아닙니다. 아이와 어른이 '같이 먹을 수 있는 건강한 식사'를 위한 세 가지 원칙을 중심에 두었습니다.

1. 자극적이지 않지만, 맛은 분명하게

아이들은 '몸에 좋으니까 먹어야 해'라는 설득에 쉽게 움직이지 않습니다. 그래서 정제된 당이나 인스턴트 소스를 피하면서도 첫 입에 직관적으로 맛있다고 느낄 수 있는 식단으로 구성했습니다. 단호박, 당근, 토마토, 발효 곡물에서 얻은 꿀이나 팜슈가처럼 자연의 단맛을 중심에 두고 요리를 설계했습니다. 이렇게만 해도 아이의 미각과 식습관은 조금씩, 그러나 확실히 달라집니다.

2. 소화는 편안하게, 영양은 풍부하게

알레르기가 있거나 소화가 민감한 아이들도 고려하여, 소화에 부담을 주지 않으면서도 단백질, 비타민, 식이섬유가 골고루 담긴 식재료를 중심으로 구성했습니다. 결국 중요한 것은 '안전하면서도 충분한 식사'이며, 이 기준은 아이에게만 해당되는 것이 아니라 모든 세대에게 유효한 원칙입니다.

3. 아이를 위한 식사, 어른도 즐길 수 있어야

'아이를 위한 음식'이라고 하면 모든 재료를 갈아 넣거나, 지나치게 단조로운 구성으로 끝내는 경우가 많습니다. 그러나 저는 아이와 함께 먹을 식사일수록 재료 본연의 식감과 조화를 살리는 조리법을 선택해야 한다고 생각합니다. 아이의 입맛을 고려하되, 어른도 함께 즐길 수 있는 구성과 비주얼을 갖춘 식사. 이런 식탁이야말로 가족 모두에게 즐거움을 주고 건강한 식습관으로 이어집니다.

우리는 생각보다 좁은 범위의 음식을 매일 반복적으로 먹고 있습니다. 여기에 아이가 좋아하는 메뉴라는 이유로 김치볶음밥, 소시지, 감자튀김, 치킨너겟이 반복된다면 아이의 미각은 넓어지지 않고, 건강도 위협받을 수밖에 없습니다. 다양한 식재료와 조리법을 경험하는 일, 그 안에서 아이와 부모가 함께 자라는 시간. 이런 일상이 바로 저속노화 식생활의 실천입니다.

저는 아이의 식사를 준비하면서 자연스레 저를 키워준 부모님을 떠올리게 됩니다. 돌봄은 이어지는 것입니다. 나를 위해 최선을 다해 식탁을 차려준 내 부모님처럼, 이제는 내가 또 다른 누군가를 위해 식탁을 준비합니다.

이 레시피들은 단지 아이를 위한 요리가 아닙니다. 함께 건강해지고, 함께 즐길 수 있는 식사의 시작입니다. 혹시 지금은 부모가 아니더라도, 언젠가 누군가를 위해 요리하고 싶은 순간이 온다면 이 챕터의 레시피들을 꺼내보길 바랍니다. 정성이 담긴 한 끼는 그 누구라도 만족시킬 수 있다고, 저는 믿습니다.

RITUAL OF THE DAY

아이와 어른이 함께 먹는 식사는 소박하지만 오래 남는 기억이 됩니다.
정직한 단백질, 구운 채소의 단맛, 바질과 토마토의 향이 조화롭게 흐르는 한 접시.
자극 없이도 깊은 풍미를 경험해 보세요.

미트볼과 구운채소& 토마토 라구

HANWOO MEATBALLS WITH ROASTED VEGETABLES & TOMATO RAGÙ

INGREDIENT

(2인 기준)

한우 미트볼

한우 다짐육 200g, 다진 양파 2T, 빵가루 2T, 달걀 1개, 다진 마늘 1/2t,
소금·후추 약간, 엑스트라 버진 올리브오일 3T(굽기용)

구운 채소

미니 단호박 300g(깍둑썰기), 주키니 100g(반달 모양), 미니 파프리카
150g(반으로 자르기), 미니 바질, 엑스트라 버진 올리브오일 1T, 소금 한 꼬집

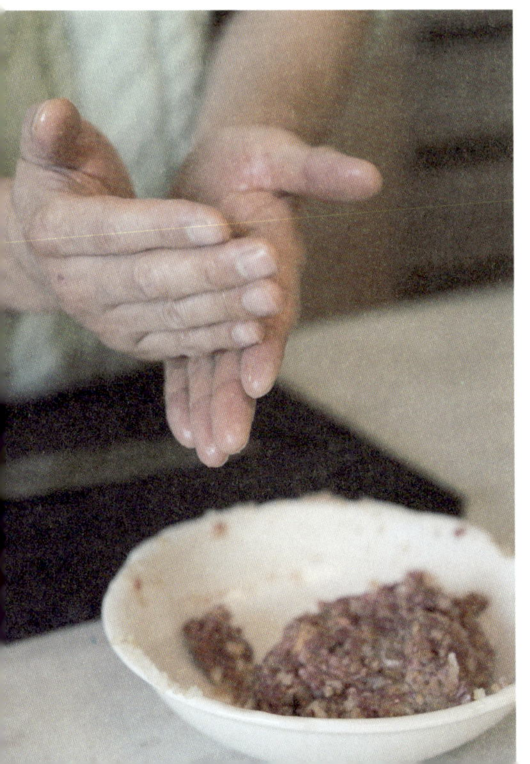

바질 토마토 스튜 소스

양파 2T, 마늘 1t – 다지기
방울토마토 200g, 발사믹 식초 1t,
엑스트라 버진 올리브오일 1T, 소금·
후추 약간, 바질 10g

토핑

미니 바질 또는 마이크로그린 10g

RECIPE

1. 한우 미트볼

믹싱볼에 한우 미트볼 재료(올리브오일 제외)를 넣고 섞어 미트볼 반죽을 만듭니다.

지름 3cm 정도로 동그랗게 빚습니다.

팬에 엑스트라 버진 올리브오일을 두르고 겉면이 노릇해질 때까지 굽습니다.

· 속까지 익히지 않아도 됩니다.

2. 구운 채소

오븐을 180℃로 예열합니다.

채소에 엑스트라 버진 올리브오일과 소금을 뿌려

고루 섞은 뒤 15분간 굽습니다.

3. 바질 토마토 스튜 소스

팬에 올리브오일을 두르고 디진 양파와 마늘을 약불
에서 볶습니다.
방울토마토를 넣고 중불에서 5~7분간 조립니다.
토마토가 절반쯤 뭉개지고 즙이 나와 소스처럼 걸쭉
해질 때까지 천천히 저어주세요.
발사믹 식초와 바질을 넣고 3~5분간 더 끓인 뒤,
소금·후추로 간을 맞춥니다.
스튜 소스를 만든 팬에 미트볼을 넣고 중불에서 속
까지 익도록 5분 정도 더 끓입니다.

4. 완성하기

구운 채소를 넣고 살짝 섞어 따뜻하게 합니다.
바질 잎 또는 마이크로그린을 위에 살짝 올려 마무리하세요.

애호박 군만두

RITUAL OF THE DAY

바삭한 한입 속, 식이섬유와 단백질의 조화.
애호박의 달큰함, 들기름의 고소함이 아이도 어른도 천천히 즐기는 식사를 선물합니다.

INGREDIENT

(2인 기준)

라이스페이퍼 약 4 ~ 8장

· 속재료의 양에 따라 적당히 가감하세요.

애호박 볶기

애호박 400g(씨 제거 후 채썰기), 물 200ml,
소금 1t, 참기름 2T

속 재료

당근 60g, 브로콜리 30g, 표고버섯 50g – 다지기
두부 150g(으깬 후 면포로 수분 제거), 숙주 100g(끓은 물에 30초 데쳐서 물기
제거),
삶은 렌틸콩 또는 병아리콩 40g

속 재료 간

소금 1t, 참기름 1T, 깨소금 1T

초간장 소스

타마리 간장 1T, 화이트 발사믹 식초 1T, 물 1T,

팜슈가 1t, 고운 고춧가루 1/2t, 깨소금 1T

RECIPE

1. 애호박 볶기

물에 소금을 넣고 잘 섞습니다.

채 썬 애호박을 넣어 20분간 절인 후 물기를 꼭 짭니다.

팬에 참기름을 두르고 볶은 뒤 식힙니다.

2. 속 재료 만들기

볼에 볶은 애호박을 비롯한 속 재료를
모두 넣고 섞습니다.

소금, 참기름, 깨소금을 넣은 뒤 가볍게
버무립니다.

3. 초간장 소스 만들기

초간장 소스 재료를 모두 넣고
섞습니다.

4. 만두 말기 & 굽기

라이스페이퍼를 차가운 물에 적셔 유리 접시에 펼칩니다.

속 재료를 적당히 올린 후 사각으로 접고 양옆을 감싸 말아 놓습니다.

팬에 엑스트라 버진 올리브오일을 약간 두르고 중불에서 앞뒤로 2~3분씩
굽습니다.

5. 완성하기

반으로 잘라 접시에 담습니다.

초간장 소스에 적당히 찍어 먹습니다.

RITUAL OF THE DAY

단호박의 부드러운 단맛, 파프리카의 달큰함, 콩의 고소함이 한데 녹아든 이 따뜻한 수프 한 그릇.
어린아이와 함께 천천히 나누는 식사, 그 속에서 회복의 리듬은 자연스럽게 시작됩니다.

바질 오일과
단호박 수프

SLOW-COOKED PUMPKIN SOUP
WITH BASIL OIL

INGREDIENT

수프

양파 100g, 마늘 10g – **다지기**

노란 파프리카 150g, 단호박 300g – **깍둑썰기**

레드 렌틸콩 50g(불리지 않고 사용 가능), 병아리콩 50g(삶거나, 통조림의 물기를 빼고 사용), 채소 코인 육수 6g(2개), 물 500ml, 귀리우유 150ml(무가당), 엑스트라 버진 올리브오일 3T, 소금·후추 약간

바질 오일

엑스트라 버진 올리브오일 1T, 바질 1/2T(곱게 다지기)

마무리 토핑

사워크림 1T

RECIPE

1. 수프 베이스 볶기

냄비에 엑스트라 버진 올리브오일을
두르고 중불에서 다진 양파와 마늘을
향이 올라올 때까지 볶습니다.

2. 재료 넣기

단호박, 파프리카, 렌틸콩, 병아리콩을
넣고 잘 섞습니다.
채소 코인 육수와 물을 넣고 센 불에서
끓입니다.
끓기 시작하면 중약불로 줄이고 뚜껑을
덮은 채 20분 정도 조리합니다.

3. 블렌딩

재료가 충분히 부드러워졌다면 핸드 블렌더나 믹서기로 곱게 갈아줍니다.
귀리우유를 넣어 원하는 농도를 맞추고 다시 한번 갈아준 뒤 소금·후추로
간을 조절합니다.

· 원한다면 한 번 더 따뜻하게 데워도 좋습니다.

4. 바질 오일

작은 볼에 바질 오일 재료를 넣고 섞습니다.

5. 완성하기

수프를 그릇에 담고 사워크림과 바질 오일을
곁들여 마무리합니다.

연어&아보카도 통밀 버거

RITUAL OF THE DAY

연어의 부드러운 단맛과 아보카도의 고소함이 천천히 입 안을 감쌉니다.
비타민, 식이섬유, 오메가3가 균형 있게 담긴 이 한입은
우리 아이와 함께 나누기에 가장 따뜻한 속도입니다.

INGREDIENT
(2인 기준)

오메가3 · 비타민 · 식이섬유 한입에 담은 저속노화 브레인 버거

연어 패티

생연어 200g, 양파 2T – 다지기

병아리콩 100g(삶은 뒤 포크로 으깨기), 달걀 노른자 1개, 소금·후추 약간

엑스트라 버진 올리브오일 1T(조리용)

아보카도 딥

잘 익은 아보카도 100g(으깨기), 그릭요거트 2T, 레몬주스 1T, 꿀 1T, 쪽파 녹색 부분 1T(다지기), 소금 한 꼬집

그 외

통밀번 2개, 적양배추 50g(채썰기), 로메인 상추 2장, 오이 슬라이스 30g

RECIPE

1. 연어 패티

볼에 병아리콩과 다진 연어, 달걀 노른자, 양파, 소금·후추를 넣고 잘 섞습니다.
패티 형태로 만든 뒤 팬에 엑스트라 버진 올리브오일을 두르고 한 면당 약불에 2~3분씩 양면을 노릇하게 굽습니다.

2. 아보카도 딥

볼에 아보카도 딥 재료를 모두 넣고 고루 섞습니다.

· 요거트 양은 원하는 농도에 따라 조절하세요.

3. 완성하기

통밀번은 반으로 잘라 프라이팬 또는 토스터기에 살짝 구워 따뜻하게 준비합니다.

통밀번 하단에 로메인, 연어 패티, 아보카도 딥, 적양배추, 오이 슬라이스 순으로 올립니다. 남은 통밀번을 올려 완성합니다.

RITUAL OF THE DAY

자연 그대로의 단맛이 입안 가득 퍼지고 렌틸콩의 포근한 단백질이 속까지 채워집니다.
이 따뜻한 한 접시가 오늘 당신과 아이의 리듬을 부드럽게 감싸줄 거예요.

단호박&고구마 그라탱

PUMPKIN & SWEET POTATO
GRATIN WITH LENTILS

INGREDIENT

(2인 기준)

베이스

단호박 200g, 고구마 150g – **껍질 제거 후 깍둑썰기**

레드 렌틸콩 100g(삶기), 양파 50g(다지기), 엑스트라 버진 올리브오일 1T,

소금·후추 약간

크림소스

그릭요거트 3T, 무가당 두유 2T, 머스터드 1/2t, 간 마늘 1/3t, 소금 약간,

넛맥 가루(선택)

토핑

통밀 빵가루 2T, 아몬드 슬라이스 1T, 엑스트라 버진 올리브오일 1T

RECIPE

1. 단호박과 고구마 찌기

깍둑썰기한 단호박과 고구마는 찜기에 넣고 10분 정도 부드럽게 찝니다.

전자레인지 용기에 담아 10~15분 정도 익혀도 좋습니다.

2. 렌틸콩과 양파 볶기

팬에 올리브오일을 두르고 다진 양파를 1~2분 볶다가 렌틸콩과 소금·후추를 넣고 2분 정도 더 볶습니다.

· 인덕션·오븐 겸용 팬을 추천합니다.

3. 크림소스 만들기

볼에 크림소스 재료를 모두 넣고 섞습니다.
원하는 경우 넛맥 가루를 소량 넣으면, 한층
향긋하고 이국적인 풍미가 더해집니다.

4. 섞기

렌틸콩과 양파를 볶은 팬에 찐 단호박과 고구마를 넣고 크림소스를
부어 고르게 버무립니다.

5. 완성하기

오븐을 180℃로 예열합니다.

통밀 빵가루와 아몬드 슬라이스를 뿌린 후 올리브오일을 약간 두릅니다.

예열한 오븐에서 15~20분간 구워 표면을 노릇하게 만듭니다.

· 만약 인덕션·오븐 겸용 팬이 없다면 볶은 렌틸콩과 양파를 볼에 옮겨 담고 단호
박과 고구마 크림소스를 넣어 섞은 뒤, 오븐 용기에 담아 굽습니다.

TOFU CREAM PASTA WITH SHRIMP

두부 크림
새우 파스타

RITUAL OF THE DAY

새우의 부드러운 단맛과 두부의 고소함이 입안 가득 천천히 퍼집니다.
속 편한 재료로 만든 이 한 접시는 우리 아이와 함께 나누기에 더없이 좋고,
작은 한입마다 하루를 다정하게 감싸줍니다.

INGREDIENT

(2인 기준)

단백질과 항산화가 풍부한
새우, 혈당지수가 낮은 통밀
파스타로 아이와 어른 모두
에게 속 편한 한 그릇

통밀 파스타 140g, 새우 120g(약 8∼10마리, 껍질 벗기고 내장 제거)

소스

양파 2T, 마늘 1T – 다지기

연두부 150g, 무가당 두유 100ml,

엑스트라 버진 올리브오일 3T, 소금·후추 약간

토핑

파르메산 치즈 10g, 미니 바질 5잎

RECIPE

1. 파스타 삶기

냄비에 물 1.5L를 붓고 끓입니다.

물이 끓기 시작하면 소금 1T를 넣습니다.

통밀 파스타 140g을 넣고 알덴테(약간 단단한 식감)로 삶아 체에 밭쳐둡니다.

2. 재료 준비

새우는 소금·후추로 가볍게 밑간합니다.

연두부는 두유와 함께 블렌더에 부드럽게 갈아 준비합니다.

3. 소스 만들기

팬에 올리브오일을 두르고 약불에서 다진 양파와 마늘을 볶아 향을 냅니다.

팬에 새우를 넣고 중불에서 2~3분 익힙니다.

준비한 연두부와 두유를 팬에 붓고, 중약불로 낮춥니다.

이때 삶은 파스타를 넣고 함께 섞으면서 3~4분간 천천히 졸입니다.

필요하면 두유를 2~3T 추가해 부드럽게 조절합니다.

마지막에 소금·후추로 간을 맞추고 불을 끕니다.

· 소스가 면에 자연스럽게 묻어있는 정도면 됩니다.

4. 완성하기

그릇에 담고 파르메산 치즈를 그레이터에 곱게
갈아 올리고 미니 바질을 얹어 마무리합니다.

RITUAL OF THE DAY

아무것도 서두르지 않는 식사.
몸에 부담 없이 스며드는 따뜻한 한 그릇이 당신의 리듬을 조용히 되돌립니다.
소화에 편하고 자극 없는 이 한 끼는 우리 아이와 함께 나누기에도 참 좋습니다.

현미 누룽지와
닭안심 채소죽

SLOW-COOKED BROWN RICE & CHICKEN
VEGETABLE PORRIDGE

INGREDIENT

부드럽고 속 편한 단백질 한 그릇, 언제든 느긋하게 즐기는 작은 회복의 식사

죽

당근 2T, 애호박 2T, 양파 1.5T – 다지기

현미 누룽지 60g, 물 500ml, 채소 코인 육수 6g(2알), 소금 약간

닭안심 조리

닭안심 150g, 생강 슬라이스 10g, 물 300ml 소금 1t

토핑

들기름 1T, 쪽파 녹색 부분(선택), 깨소금(선택)

RECIPE

1. 닭안심 익히기

닭안심은 힘줄을 제거하고, 생강 슬
라이스와 함께 물에 넣어 약불에
10~12분 삶아 부드럽게 익힙니다.
식힌 뒤, 손으로 결대로 찢어 둡니다.

2. 죽 끓이기

냄비에 물, 코인 육수, 누룽지, 다진 채소를 넣고 중불에 올립니다.

끓기 시작하면 약불로 줄여 저어가며 15~20분간 더 익힙니다.

소금으로 간을 맞춘 뒤 불을 끕니다.

3. 완성하기

완성된 죽을 그릇에 담고, 찢은 닭안심을 위에 토핑합니다.

들기름 1T를 뿌립니다.

기호에 따라 깨소금이나 다진 쪽파 녹색 부분을 더해 마무리합니다.

Chef's Essay 16

요리는 손끝에서 자라는 감각이자, 마음으로 전해지는 연대입니다. 저는 아이들이 지금보다 훨씬 어릴 때부터 요리를 가르쳤습니다. 정확히 말하면 '가르친다'기보다는 '같이 해왔다'는 표현이 더 맞습니다. 셰프이기 때문도, 아이들을 셰프로 키우고 싶어서도 아닙니다. 요리는 손이 자라고, 감각이 자라고, 경험이 자라고, 생각이 자라는 가장 일상적인 배움이라고 믿고 있기 때문입니다.

예전에 초등학생들을 대상으로 쿠킹 클래스를 진행했을 때의 일입니다. 당근을 보여주며 "이게 뭘까요?"라고 물었는데, 많은 아이들이 모르겠다고 대답했습니다. 아이들은 늘 익혀져 있거나 잘게 썰려 모양이 사라진 당근만 접해왔기 때문입니다. 하지만 요리를 직접 해보면 다릅니다.

'이 채소는 어디서 자랐지?', '누가 키웠을까?', '생으로 먹으면 무슨 맛일까?' 손으로 만지고, 스스로 다루며 떠오르는 질문들. 그 질문은 단순한 호기심을 넘어 자연과 사람, 생명에 대한 인식의 시작이 됩니다.

그래서 저는 요리가 단순한 기술이 아니라 세상을 바라보는 태도라고 생각합니다. 아이와 함께 요리를 해보면 처음엔 당연히 서툴고 어설픕니다. 오이를 썰기보다는 부러뜨리는 것에 가까운 수준이죠. 하지만 어느 순간 아이는 배웁니다. 도마 위에 손을 어떻게 두어야 하는지, 어떤 재료는 생으로 먹을 수 있고 어떤 재료는 반드시 익혀야 하는지를 말이죠. 그리고 그 과정에서 스스로의 취향을 알게 됩니다. 어떤 식감을 좋아하는지, 어떤 조리법이 맞는지를 조금씩 찾아가며 요리에 자신만의 손길이 생겨납니다.

저희 집 아이들도 그렇습니다. 아들은 구운 고기를 즐기고, 딸은 채소 위주의 식단을 좋아합니다. 같은 식탁이지만 다른 방식입니다. 그러나 누군가의 취향을 단정 짓지 않고, "이건 더 고소해", "저건 향이 깊어"라며 대화가 이어지는 식사가 됩니다. 잣, 호두, 캐슈넛, 아몬드, 견과류 하나만 놓고도 무엇을 얹을지 고민하고 비교하며 스스로 만든 음식에 애정을 갖게 되는 것. 그게 바로 요리를 배운 아이들이 보여주는 태도입니다.

요리를 배우는 아이는 단지 음식을 받아먹는 존재가 아니라, 누군가에게 기쁨을 줄 수 있는 사람이 됩니다. 자신이 만든 요리를 할머니가 맛있다고 '오버'하면서 말해줄 때, 아이의 눈빛은 달라집니다. 그 순간, 스스로에 대한 긍정과 자존감이 생깁니다. 이건 단순한 요리 수업이 아닙니다. 연결과 돌봄의 경험입니다. 세상과 소통하는 가장 따뜻한 방식이기도 합니다.

아이와 함께 토마토를 자르고, 빵을 굽고, 소박하게 플레이팅 하는 그 순간에도 부모와 아이 사이의 연대는 깊어집니다. 요리를 통해 아이는 자신만의 감각을 갖게 되고, 세상을 해석하는 기준을 스스로 만들어 갑니다.

이 책에 담긴 레시피 중 가장 쉬운 것부터 아이와 함께 시작해 보세요. 결과보다 중요한 것은 그 시간 자체를 함께 했다는 사실입니다. 그 따뜻한 장면은 언젠가 아이의 기억 속에 오래도록 머물 거라고 믿습니다.

SUPPLEMENT

디저트와 마무리

Pleasure

&

Pairing

마지막으로 GI가 낮은 천연당과
식이섬유 · 견과류 · 과일 · 허브를 활용한
저속노화 디저트 & 페어링 레시피를 소개합니다.
식후, 혹은 늦은 밤 허기를 채우는 속도 조절의 즐거운 선택이 됩니다.

Natural Sweets

"당을 포기하지 않고도,
느리게 즐길 수 있는 마무리"

TROPICAL MANGO YOGURT BOWL

망고
그릭요거트 볼

RITUAL OF THE DAY

자연의 질감이 그대로 살아 있는 건강한 디저트…
당을 줄였지만 만족감은 그대로, 오늘의 마무리를 부드럽게 감싸주는 한 그릇입니다.

INGREDIENT

열대 과일의 단맛과 그릭요거트의 산미
그리고 아몬드의 고소함

(2인 기준)

그릭요거트 190g, 잘 익은 망고 150g(깍둑썰기),

야자대추 20g(씨 제거하고, 잘게 썰기), 아몬드 10g(다지기),

무가당 코코넛 플레이크 5g, 꿀 1T, 라임 주스 1t, 라임제스트 약간

RECIPE

1.

그릭요거트를 볼에 담고 윗면을 부드럽게 정리합니다.

망고, 야자 대추, 구운 아몬드, 코코넛 플레이크, 라임 제스트를 고
루 올립니다.

2. 완성하기

전체에 라임 주스를 가볍게 뿌리고, 꿀을 살짝 둘러 마무리합니다.

RITUAL OF THE DAY

가볍지만 인상 깊은 마무리.
천연당으로 당 지수를 낮추고, 항산화가 풍부한 포도로 만든 이 소르베는
식사 후 무거움을 남기지 않고, 하루를 부드럽게 마감해 주는 저속노화 디저트입니다.

라임향 가득
청포도 소르베

GREEN GRAPE SORBET WITH LIME ZEST

INGREDIENT

(2인 기준)

청포도 400g(씨 없고 잘 익은 것), 코코넛 밀크 100ml,

라임 1개(주스와 제스트), 화이트 발사믹 식초 2T, 소금 1t,

파프리카 가루 1t, 바질 잎 10장(5장은 갈아서 넣고, 5장은 토핑용)

RECIPE

1. 청포도 손질 및 냉동

청포도는 깨끗이 씻어 물기를 제거하고, 낱개로 떼어낸 뒤 냉동실에 6시간 이상(또는 하룻밤) 얼립니다.

2. 블렌딩

냉동된 포도를 블렌더에 넣고 곱게 갈아줍니다.

너무 단단해서 잘 갈리지 않을 경우, 코코넛 밀크를 1~2T 정도 먼저 넣어가며 블렌딩하세요.

벽면에 붙은 포도를 긁어내며 여러 번 나누어 갈면 부드럽고 균일한 질감이 됩니다.

3. 풍미 더하기

포도가 숟가락으로 떴을 때 살짝 뭉쳐질 정도의 소르베 질감이 되면,

코코넛 밀크, 라임 주스와 제스트, 화이트 발사믹 식초, 소금, 파프리카 가루, 바질을 넣고 한 번 더 짧게 갈아 풍미를 섞어주세요.

너무 오래 갈면 질감이 묽어지므로 10초 이내로 마무리하는 것이 좋습니다.

4. 완성하기

아이스크림 스쿱으로 떠서 접시에 담고, 라임 주스 한 방울, 바질 잎, 소금을 살짝 뿌려 마무리합니다.

토마토 바질 소르베

RITUAL OF THE DAY

자연이 주는 산미와 향, 그 자체가 해독입니다.
토마토의 항산화 성분인 리코펜, 바질의 향미, 발사믹의 발효된 산미가
더운 날씨 속 몸의 열기를 식히고 소화와 기분까지 맑게 해주는 한 스푼의 마법.

INGREDIENT

(2인 기준)

토마토 소르베

잘 익은 토마토 600g, 화이트 발사믹 식초 2T,
라임 주스 5T, 라임 제스트 1T, 바질 잎 10장, 꿀 3T,
엑스트라 버진 올리브오일 5T, 소금 1t, 칠리 플레이크 1/2T

그 외

방울토마토 80g(반으로 자르기), 미니 바질 5잎,
엑스트라 버진 올리브오일 3T

RECIPE

1. 토마토 손질

토마토는 칼집을 내어 끓는 물에 10초간 데친 후 얼음물에 넣고
껍질을 벗긴 뒤 큼직하게 썰어줍니다.

2. 블렌딩

껍질을 벗긴 토마토를 비롯해 소르베 재료를 모두 블렌더에 넣고 곱게
갈아주세요.
넓은 용기에 부어 냉동 후, 1시간마다 포크로 긁어가며 3~4회 반복해
소르베 텍스처로 준비합니다.

2. 완성하기

접시에 토마토 바질 소르베를 담고, 그 주위에 방울토마토, 미니 바질을
올려주세요.
마지막으로 엑스트라 버진 올리브오일을 뿌려 마무리합니다.

Harmony
of the Glass

Château Rieussec Sauternes

샤토 리유섹 소테른(프랑스 / Bordeaux, Sauternes)

디저트를 고를 땐 달콤함보다 마무리를
먼저 떠올립니다. 한 끼의 끝이 아니라 하
루의 끝자락을 감싸는 조용한 여운처럼
남기를 바라면서요. 이 책에서 소개하는
세 가지 디저트 모두에 잘 어울리는 리우
섹 소테른은 보르도 소테른 지방에서 온
귀부 와인입니다. 잘 익은 살구와 꿀, 오
렌지필, 말린 카모마일과 헤이즐넛의 향
이 잔 안에서 잔잔하게 피어오릅니다. 산
미와 점성이 공존하는 이 와인은 단순한

디저트용을 넘어서는 훨씬 더 입체적인 파트너입니다.

망고 그릭요거트 볼

진득한 망고 과육과 그릭요거트의 크리미한 산미 그리고 은은한 단맛.
여기에 소테른 와인을 한 모금 더하면 한 입은 열대의 햇살처럼 한 잔은 프렌치 정원의 그늘처럼 서로 다른 계절이 교차하는 경험이 됩니다. 질감과 산도 그 조율이 이 페어링의 핵심이죠.

라임향 청포도 소르베

청포도와 라임즙을 얼려 만든 가장 투명한 형태의 과일. 소테른은 이 깔끔한 산도에 섬세하게 반응하며 오히려 자신만의 복합미를 또렷하게 드러냅니다. 입안에 퍼지는 균형감은 산미와 당미의 하모니 그 자체입니다.

토마토 바질 소르베

의외라고 느낄 수도 있겠지만 허브와 산미, 미네랄이 살아 있는 이 소르베는 소테른 와인의 숙성된 꿀 향과 만나 마치 식사의 끝이라기보다는 다음 대화를 부르는 아페리티프처럼 느껴집니다. 짧지만 선명한 기억을 남기는 잔상이랄까요.

이 세 가지 디저트에 한 병의 소테른 와인을 곁들이는 일은 단순한 달콤함으로 마무리하는 게 아닙니다. 서로 다른 방식으로 한 끼를 해석한 시선들이 한 잔의 깊이 속에서 다시 연결되는, 그야말로 '하모니의 순간'입니다.

Eat Slow Age Slow

초판 발행   2026년 2월 28일

글   박민혁
펴낸이   박정우
편집   박세리
디자인   디자인 이상

펴낸곳   출판사 시월
출판등록   2019년 10월 1일 제 406-2019-000107호
주소   경기도 고양시 일산동구 문봉길62번길 89-23
전화   070-8628-8765
E-mail   poemoonbook@gmail.com

ⓒ 박민혁
ISBN   979-11-91975-33-8 (13590)

유효기간: 2026년 11월 30일까지

사용처: 와인바킥 금호